景观设计
从构思到过程

第二版

许 浩 编著

中国电力出版社
CHINA ELECTRIC POWER PRESS

内容提要

本书根据作者多年景观设计理论与实践的经验编写而成。全书由景观设计的基础、景观设计的过程、景观设计的制图、景观设计案例和分项设计五部分内容组成，总结、归纳了景观设计所必需的知识储备和制图等技术基础，通过过程分解、分项设计说明和二十余个国内外案例分析，向读者展示了从前期分析到后期方案形成的景观设计全过程。第二版中更新了新版的城市绿地分类标准与风景园林制图标准，并新增了17个设计案例，以更好适应当下的需要。

本书案例丰富、讲解详细、知识体系完整、相关数据翔实，适用于风景园林、建筑学、环境艺术设计、规划等专业的从业人员与学生阅读使用。

图书在版编目（CIP）数据

景观设计：从构思到过程 ／许浩编著．—2版．—北京：中国电力出版社，2019.6（2021.2重印）
ISBN 978-7-5198-3101-1

Ⅰ. ①景… Ⅱ.①许… Ⅲ.①景观设计 Ⅳ.①TU983

中国版本图书馆CIP数据核字（2019）第079139号

出版发行：中国电力出版社
地　　址：北京市东城区北京站西街 19 号（邮政编码 100005）
网　　址：http://www.cepp.sgcc.com.cn
责任编辑：王　倩　（010-63412607）
责任校对：黄　蓓　郝军燕
装帧设计：锋尚设计
责任印制：杨晓东
印　　刷：北京盛通印刷股份有限公司印刷
版　　次：2011 年 1 月第 1 版　2019 年 6 月第 2 版
印　　次：2021 年 2 月北京第 9 次印刷
开　　本：889 毫米 ×1194 毫米　16 开本
印　　张：12.5
字　　数：247 千字
印　　数：3001—4000 册
定　　价：48.00 元

第二版前言

    2011年，风景园林学被列入国务院学位委员会、教育部公布的《学位授予和人才培养学科目录（2011年）》中的一级学科名录，成为国内高校规划设计领域最为热门的专业之一。而支撑风景园林与景观设计专业发展的社会背景，近几年也发生了巨大的变化，最突出的变化体现在生态文明建设已经成为我国社会发展中的核心理念。近几年，海绵城市建设、生态红线保护、雨水花园、低影响开发、多规合一、生态廊道保护、国土空间资源适宜性评价等政策措施层出不穷，均是对生态保护和生态文明建设要求的具体呼应。我国社会发展理念的变化与空间规划体系的变革对风景园林规划设计、景观设计提出了新的要求。

    本书第一版于2011年面世，反响热烈，成为国内众多高校风景园林、园林专业和景观设计专业的热销教材。时至今日，因第一版所涉及的规范已经陈旧，案例类型也亟需扩展。因此我们在综合评估第一版的基础上，结合社会需求和读者反馈，进行了本书的修订。主要修订之处包括：更新新版《CJJT 85—2017城市绿地分类标准》与《CJJT 67—2015风景园林制图标准》（制图记号部分），新增17个设计案例与相应的图件，其中许多新增案例来自于优秀本科课程设计习作。因本书编写时间仓促，水平所限，遗漏之处、失误之处在所难免，敬请广大读者海涵。

许　浩

南京林业大学南山楼

2019年5月

第一版前言

工业革命以来，环境危机日益加重，至今日，由其引发的种种灾害频繁发生，给人们的日常工作和生活、整个社会的可持续发展均带来极其严重的负面作用。对于人类聚居地城镇，则突出表现在大气污染、水污染、热岛现象、能源负荷加重、人类缺少赖以生存的绿色生态基础设施、游憩休闲场地不足、设计水平低下等问题上。

我国正处于快速城乡化建设过程中，同时，我国又是世界人口大国和能源大国，环境问题在我国表现尤为突出。能否解决好环境问题，是关系到我国社会健康发展的头等大事。从国际经验来看，景观设计是能够解决环境问题的行业之一，能够发挥建筑设计和城市规划所没有的作用。景观设计被认为是反映地方文化特色和地域形象，增强地方吸引力，提高环境建设水平的重要手段。

我国很多城市历史悠久，自然文化遗产众多，古典造园在国际景观界享有盛名。20世纪90年代以来，随着国内外交流日益增多，景观设计行业在我国发展迅速，已经成为最有前途、最有价值的设计行业之一，景观设计的作用正在被越来越多的人所接受和认可。

景观设计行业发展的好坏在很大程度上要依靠专业教育。尽管社会需求量大，但我国景观设计专业教育的发展仍有很多不足之处。一个很重要的问题就是很多学生毕业后，进入设计公司或者设计院，对于设计任务会感到无从下手，不得要领。究其原因，主要在于学校专业教材一般偏重理论性和历史性，设计类教材与社会上景观工程的实际需求有脱节，相关知识点不明确，从而造成学生不能迅速承担设计任务。

基于上述问题，本书从实际出发，精选了作者亲身经历的十个不同类型的项目案例，对调查分析、确定功能、明确布局方案等设计过程进行说明，每个过程都配以相应的分析图和设计图。除了典型案例以外，本书还收集了国内外其他相似案例和相关数据资料，作为对典型案例的补充。这样将实际工作中的构思与过程以及所需要的知识点作为比较完整的资料呈现给读者，可以使其迅速掌握要领，从而快速进入实际的景观设计状态。

目 录 | Contents

第一章 景观设计的基础

第一节 景观设计的内容

我国的空间设计体系包括建筑设计、城市规划设计、景观设计三大类。建筑设计以人工建筑物、建构物为设计对象。城市规划设计以城市空间为规划设计对象，包括城市发展概念规划、总体规划、详细规划、城市设计等不同空间层次、不同单项性质的规划。景观设计主要处理户外空间的规划设计，主要包括城市公园绿地设计、风景区设计、建筑外部空间设计、街道景观设计、广场景观设计、休闲度假区设计、建筑中庭设计、庭院设计等，不仅是空间设计体系的重要组成部分，也是建筑设计、城市规划设计的有机补充，对人居环境的建设有重要的作用。

景观设计的对象——户外空间，是人类游憩、休闲、交往、休憩的主要场所，同时，这类空间较少有建筑物覆盖，成为绿色植被、水体等自然生态因子的主要场所。因此，景观设计要同时考虑到自然生态环境的保护、恢复，以及人类游憩休闲体系的构建（图1-1-1、图1-1-2）。

图1-1-1 杭州西湖边的滨水景观

图1-1-2 新加坡街头绿地景观

第二节　景观设计的基本功能

景观设计应该通过设计方法与手段，使对象空间达到以下功能。

一、使用功能

通过空间布局、规模分配、景物塑造、游线设计，使对象空间具有必要的使用功能。如大型公园设计应该注意能同时容纳儿童、少年、青年、中年、老年等不同年龄层次人群的休闲活动需求；体育公园则围绕体育活动进行规划设计；生态公园应该减少硬质铺装，多设计群落植被；广场则以硬质铺装为主，有大规模的开放平坦地，以容纳不同的人群活动；度假区应该充分发挥基地资源优势，体现景观差异性，大型度假区要有足够的住宿、停车、餐饮、游乐等设施。

设计中应充分考虑使用者的使用习惯，做到使用方便。

景观设计师还应充分掌握人体工学、行为学、工程学、社会学、心理学等相关知识。如公共活动区应注意无障碍化设计要求，在台阶处设置坡道，水边设置护栏；儿童游乐区应注意根据儿童尺度进行设计，并兼顾安全防护要求。此外，建筑中庭应充分考虑穿行便利因素。

二、生态功能

景观设计处理的一般是非建筑空间，因此应充分考虑生态环保功能。植被、水体是景观设计的两大要素，景观设计师应在充分掌握园林植物、水文相关知识的基础上，通过植物群落搭配、绿道网络、生态空间设计等手段，促进、提升基地的生态价值，发挥生态功能。

图1-2-1为某小区的景观设计局部剖面。设计者在设计中贯穿了生态设计思想。小区里面有人工河道，河道的驳岸采取自然生态的方法设计，布置了连续的群落植被，包括乔木、灌木，以及观赏水景的木甲板，提升了小区的生态功能，达到宜人悦目的效果。

三、历史文化保护功能

对城镇地块进行整体的景观设计，可以达到挖掘、保护地方历史文化价值的功能。这类地块本身具有历史性建筑物或者构筑物遗迹，由于保护不善，面临毁灭的危险。景观设计不应单独着眼于个别建筑的保护，而是从整体环境出发，提出有效可行的保护措施和保护规划，同时通过对该地块外环境的整体设计，达到保护历史文化价值的功能。

图1-2-1　某小区景观河道剖面图

第三节　景观设计的对象

景观设计的对象主要为非建筑空间。从使用性质上划分，包括城市公园绿地、居住区绿地、林地、园地、防护绿地、废弃地、广场、街道、文物古迹、历史街区、体育场馆户外运动区、度假区、风景区、绿道、滨水区、建筑墙壁和屋顶，以及其他各类开放空间。

我国和日本对公园绿地已经形成了比较规范的分类标准，见表1-3-1、表1-3-2。

表1-3-1　　　　　　　　　我国城市绿地分类标准（CJJ/T 85-2017）

类别代码			类别名称	内容	备注
大类	中类	小类			
G1			公园绿地	向公众开放，以游憩为主要功能，兼具生态、景观、文教和应急避险等功能，有一定游憩和服务设施的绿地	—
	G11		综合公园	内容丰富，适合开展各类户外活动，具有完善的游憩和配套管理服务设施的绿地	规模宜大于10hm²
	G12		社区公园	用地独立，具有基本的游憩和服务设施，主要为一定社区范围内居民就近开展日常休闲活动服务的绿地	规模宜大于1hm²
	G13		专类公园	具有特定内容或形式，有相应的游憩和服务设施的绿地	—
		G131	动物园	在人工饲养条件下，移地保护野生动物，进行动物饲养、繁殖等科学研究，并供科普、观赏、游憩等活动，具有良好设施和解说标识系统的绿地	—
G1	G13	G132	植物园	进行植物科学研究、引种驯化、植物保护，并供观赏、游憩及科普等活动，具有良好设施和解说标识系统的绿地	—
		G133	历史名园	体现一定历史时期代表性的造园艺术，需要特别保护的园林	—
		G134	遗址公园	以重要遗址及其背景环境为主形成的，在遗址保护和展示等方面具有示范意义，并具有文化、游憩等功能的绿地	—
		G135	游乐公园	单独设置，具有大型游乐设施，生态环境较好的绿地	绿化占地比例应大于或等于65%
		G139	其他专类公园	除以上各种专类公园外，具有特定主题内容的绿地。主要包括儿童公园、体育健身公园、滨水公园、纪念性公园、雕塑公园以及位于城市建设用地内的风景名胜公园、城市湿地公园和森林公园等	绿化占地比例宜大于或等于65%

类别代码			类别名称	内容	备注
大类	中类	小类			
G1	G14		游园	除以上各种公园绿地外，用地独立，规模较小或形状多样，方便居民就近进入，具有一定游憩功能的绿地	带状游园的宽度宜大于12m；绿化占地比例应大于或等于65%
G2			防护绿地	用地独立，具有卫生、隔离、安全、生态防护功能，游人不易进入的绿地。主要包括卫生隔离防护绿地、道路及铁路防护绿地、高压走廊防护绿地、公用设施防护绿地等	—
G3			广场用地	以游憩、纪念、集会和避险等功能为主的城市公共活动场地	绿化占地比例宜大于或等于35%；绿化占地比例大于或等于65%的广场用地计入公园绿地
XG			附属绿地	附属于各类城市建设用地（除"绿地与广场用地"）的绿化用地。包括居住用地、公共管理与公共服务设施用地、商业服务业设施用地、工业用地、物流仓储用地、道路与交通设施用地、公用设施用地等用地中的绿地	不再重复参与城市建设用地平衡
	RG		居住用地附属绿地	居住用地内的配建绿地	—
	AG		公共管理与公共服务设施用地附属绿地	公共管理与公共服务设施用地内的绿地	—
	BG		商业服务业设施用地附属绿地	商业服务业设施用地内的绿地	—
	MG		工业用地附属绿地	工业用地内的绿地	—
	WG		物流仓储用地附属绿地	物流仓储用地内的绿地	—
	SG		道路与交通设施用地附属绿地	道路与交通设施用地内的绿地	—

类别代码			类别名称	内容	备注
大类	中类	小类			
	UG		公用设施用地附属绿地	公用设施用地内的绿地	—
EG			区域绿地	位于城市建设用地之外，具有城乡生态环境及自然资源和文化资源保护、游憩健身、安全防护隔离、物种保护、园林苗木生产等功能的绿地	不参与建设用地汇总，不包括耕地
	EG1		风景游憩绿地	自然环境良好，向公众开放，以休闲游憩、旅游观光、娱乐健身、科学考察等为主要功能，具备游憩和服务设施的绿地	—
		EG11	风景名胜区	经相关主管部门批准设立，具有观赏、文化或科学价值，自然景观、人文景观比较集中，环境优美，可供人们游览或者进行科学、文化活动的区域	—
		EG12	森林公园	具有一定规模，且自然风景优美的森林地域，可供人们进行游憩或科学、文化、教育活动的绿地	—
		EG13	湿地公园	以良好的湿地生态环境和多样化的湿地景观资源为基础，具有生态保护、科普教育、湿地研究、生态休闲等多种功能，具备游憩和服务设施的绿地	—
		EG14	郊野公园	位于城区边缘，有一定规模、以郊野自然景观为主，具有亲近自然、游憩休闲、科普教育等功能，具备必要服务设施的绿地	—
		EG19	其他风景游憩绿地	除上述外的风景游憩绿地，主要包括野生动植物园、遗址公园、地质公园等	—
	EG2		生态保育绿地	为保障城乡生态安全，改善景观质量而进行保护、恢复和资源培育的绿色空间。主要包括自然保护区、水源保护区、湿地保护区、公益林、水体防护林、生态修复地、生物物种栖息地等各类以生态保育功能为主的绿地	—
	EG3		区域设施防护绿地	区域交通设施、区关于公用设施等周边具有安全、防护、卫生、隔离作用的绿地。主要包括各级公路、铁路、输变电设施、环卫设施等周边的防护隔离绿化用地	区域设施指城市建设用地外的设施
	EG4		生产绿地	为城乡绿化美化生产、培育、引种试验各类苗木、花草、种子的苗圃、花圃、草圃等	—

种类			内容
基干公园	住区基干公园	街区公园	主要供街区居住者使用，服务半径250m，标准面积0.25hm
		近邻公园	主要供邻里单位内居住者使用，服务半径500m，标准面积2hm
		地区公园	主要供徒步圈内居住者使用，服务半径1km，标准面积4hm
	都市基干公园	综合公园	主要功能为满足城市居民综合使用的需要，标准面积10~50hm
		运动公园	主要功能为向城市居民提供体育运动场所，标准面积15~75hm
特殊公园			风致公园、动植物公园、历史公园、墓园
大规模公园	广域公园		主要功能为满足跨行政区的休闲需要，标准面积50hm以上
	休闲都市		以满足大城市和都市圈内的休闲需要为目的，根据城市规划，以自然环境良好的地域为主体，包括核心型大公园和各种休闲设施的地域综合体。标准面积1000hm以上
国营公园			服务半径超过县一级行政区、由国家设置的大规模公园。标准面积300hm以上
缓冲绿地			主要功能为防止环境公害和自然灾害和减少灾害损失，一般配置在公害、灾害的发生地和居住用地、商业用地之间的必要隔离处
都市绿地			主要功能为保护和改善城市自然环境，形成良好的城市景观。标准面积0.1hm以上，城市中心区不低于0.05hm
都市林			以动植物生存地保护为目的的都市公园
绿道			主要功能为确保避难道路、保护城市生活安全。以连接邻里单位的林带和非机动车道为主体。标准宽幅为10~20m
广场公园			主要功能为改善景观，为周围设施利用者提供休息场所

表1-3-2　　　　　　　　　　　　　　　　日本都市公园的分类

第四节　景观设计的风格

一、中式古典风格

中国古典园林在世界园林体系中占有重要的地位。在其数千年漫长的历史发展过程中逐渐形成的中式古典风格，是最具有中国特点，符合人们审美习惯的景观营造风格。中式古典风格的特点主要为：通过山、水、植被营造自然生态景观，注重情趣和意境的表达。

山、水、植物是中国古典园林的主要要素。中式古典风格非常重视山水的营造。通过"叠石"技术将特选的天然石块堆砌成假山，模仿自然界山石的各种造型：峰、峦、峭壁、崖、岭、谷等。

水是自然景观中的重要因素。从北方皇家园林到南方私家园林，无论大小，都想方设法地引水或者人工开凿水体。水体形态有动态和静态之分，形式布局上有集中和分散之分，其循环流动

图1-4-1 苏州园林——网师园

图1-4-2 苏州园林——拙政园

的特征符合道家主张的清静无为、阴阳和谐的意境。园林中的水体尽量模仿自然界中的溪流、瀑布、泉、河等各种形态，往往与筑山相互组合，形成山水景观。

中式古典风格的植物栽培方式以自然式为主，讲究天然野趣性。乔木与灌木有机结合，形成高低错落有致的搭配格局。植物搭配比较注重色彩的变化，常绿植物和落叶植物搭配在一起，通过不同季节所呈现出来的不同色彩组合提高视觉的愉悦感。

中式古典风格追求如同山水画一样的景观。古典园林筑山、理水的技术中，贯穿了中国画"外师造化、内法心源"的创作原则，达到了精神上的升华（图1-4-1~图1-4-3）。

二、日式风格

日式风格是从日本园林造景中脱胎形成的风格，其特点是精致、自然，重视选材，具有鲜明的表现、象征意味。其中，净土园林具有明显的宗教意味，以表现佛教净土景观为中心，如平等院凤凰堂池庭和毛越寺庭园。

日式风格中，最具有特点的是枯山水风格。枯山水最初是禅宗寺院的庭园风格样式，以石、砂、植被模拟宇

图1-4-3 中国传统绘画

宙、大海景观，具有强烈的宗教象征意味，其构图受到中国宋朝山水绘画美学思想的影响。在现在的很多住宅里，尤其是中庭中大量建造枯山水（图1-4-4、图1-4-5）。

图1-4-4　日本传统造园

图1-4-5　日本传统枯山水设计

图1-4-6　中国园林里曲线形道路

图1-4-7　日本京都金阁寺的缩景手法

　　中式古典风格和日式风格中有很多相通之处，在景观营造中，往往采取以下原则。

　　（1）宁曲勿直，自然生态

　　尽可能使用曲线，避免使用直线。道路、水道尽量保持自然生态驳岸状态。除了建筑物以外，其他因素如植被、山、水、石，都尽可能保持自然性的外观，降低人工痕迹（图1-4-6）。

　　（2）缩景

　　通过景观材料如石、砂，模仿自然界的山、河、海等景观。从表面上看，是自然景色的缩小化，实际上是在有限的空间里对人、自然、宇宙之间关系的构建，并且寄托了人类对理想景观的追求，融会了人们的审美追求（图1-4-7）。

图1-4-8　苏州拙政园的借景手法

图1-4-9　日本园林中的松树

（3）借景

借景是中国古典园林中常用的方法，在日本造园中也大量使用。通过空间、视点的巧妙安排，借取园外景观，以陪衬、扩大、丰富园内景致，是使园内外景观一体化的造园手段（图1-4-8）。

（4）表现时间

通过植被搭配和色彩的处理表现季节时间的变化。比如苏铁、松树代表四季常青，枫树、樱花表现时间变化和永恒。

（5）表现精神情操

通过植被、石材等素材以及缩景、借景表现精神情操。比如巨大的石块象征主人的社会地位，竹子象征高洁的情操，苏铁、松树象征长寿等（图1-4-9）。

三、规则式风格

法国园林是规则式园林的代表，其特点是强调人工几何形态。轴线是园林的骨架，布局、植被都被控制在条理清晰、秩序严谨、等级分明的几何形网格中，体现人工化、理性化、秩序化的思想。现代景观设计也往往运用这种规则式的设计方法，体现秩序性和结构美感。如纪念性广场，为了体现庄严性、秩序性，经常采用对称布局、规则化处理的方法（图1-4-10）。

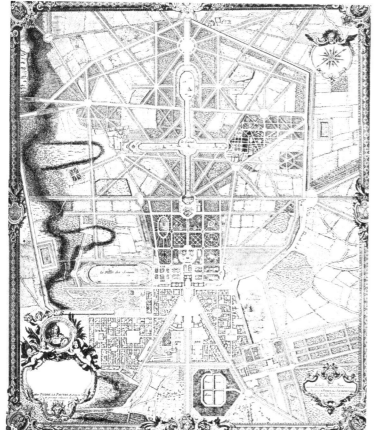

图1-4-10　法国规则式风格园林的代表作——凡尔赛宫苑平面图

图1-4-11　英国自由风景园

四、英式自然风格

英国自由式风景园从18世纪开始盛行于欧洲。与规则、理性的法国园林相反，其特点是尊重自然，摒弃生硬的直线要素，大量地使用曲线，尽可能地模仿纯自然风景，体现了人们向往田园风光，歌颂自然美的精神追求。

英国自由式风景园所形成的英式自然风格，具有清新、自然、朴实的风格特点，能够给生活在城镇空间里的人们带来田园牧歌式的体验，在19、20世纪城市化进程中，成为比规则式园林更受欢迎的景观风格。英式自然风格逐渐走向世界，很多近代城市公园多采用此设计方式（图1-4-11）。

图1-4-12　澳门街头地域性景观

五、地域风格

不同的地域有自己的适栽植物，有自己的喜好颜色，有自己的空间形式特点，反映在景观设计上，就会形成不同的地域风格。地域风格是当地历史文化的载体，具有鲜明的地方特点。如南美热带景观、东南亚风格、荒漠景观、中东风格、寒地景观、草原景观，以及各个国家地区自身的地域风格（图1-4-12、图1-4-13）。

图1-4-13　东京历史性景观

第五节　景观设计师

一、景观设计师的任务

在空间设计体系里，根据所承担的任务内容性质划分，有建筑设计师、室内设计师、景观设计师（也称为风景园林设计师）、城市规划师。景观设计师是从事景观设计的技术人员，又可以划分为设计负责人、方案设计师和施工图设计师。

设计负责人主要负责控制项目设计的进度，与委托方沟通，协调具体的方案，组织施工图设计人员工作，同时要负责项目设计不能违反国家、地方建设管理法规，把握好设计的质量，与施工方配合做好现场工作。

方案设计师主要负责项目的方案。方案的成败是项目成败的关键，方案设计师应充分做好前期资料收集工作，对现场进行查勘，掌握好现场条件和设计技术要点。方案设计师应该有深厚的人文、心理、资源、生态、工学方面的知识，在方案设计阶段贯彻委托方要求，合理安排功能布局、景观结构、游线交通，合理布置景物和人的各项活动。方案的风格应该明确且经过甲方认可，具有很好的施工可行性，尽可能做到节约工程成本。

施工图设计师是在方案经过委托方和主管方认可后，对其进行深入、细化，施工图是后期施工的基础，也是工程预算、结算的基础。施工图设计师必须理解方案的特点，对具体的铺装样式和做法、地形标高、绿化植被、景观构筑物、结构、给排水、照明用电系统进行详细设计，达到指导施工的要求。施工图设计师必须充分理解市场上常用的景观工程材料的种类、特性、规格、做法、造价，并在设计时熟练运用。对绿化植被的规格、种植、效果、养护也必须有深入了解。

无论是设计负责人、方案设计师，还是施工图设计师，在设计时都必须做到与委托方及时沟通，各个工种之间无缝协调，深入了解国家行业工程规范，做到安全、合理、经济、美观的统一。

二、景观设计师的职业素养

景观设计过程中涉及的知识体系较多，这就要求景观设计师要具备很好的职业素养，不仅应该精通自身的专业知识，还应当了解、掌握相关知识（表1-5-1）。

景观设计师应具备服务意识、公众意识和生态意识。

（1）服务意识

设计行业属于服务咨询业的一种，是受委托后提供的劳务服务。因此，设计师首先要以帮助委托方解决问题的心态对待设计工作。应树立三种服务意识：对委托方的服务意识、对民众的服务意识、对社会的服务意识。

（2）公众意识

除了私人委托项目之外，很多景观项目的使用者是公众或者特定群体。因此，应树立公众意识，通过设计促进公共交流和人们之间的交往。比如广场设计，应注意以公共性活动为线索组织空间，设置足够的服务休息设施。而居住区，其使用者为小区居民，应设置一定的公共景观节点作为小区居民活动的场所。

（3）生态意识

19、20世纪城市化、工业化进程导致全球生态系统极其脆弱，尤其是发展中国家，经济发展、过度开发对环境造成的压力与日俱增。与建筑项目不同，景观项目在建设过程中和建成后必须做到促进生态系统的恢复。因此，景观设计师应该具备生态意识和生态设计的技巧，这是当代社会生态危机赋予景观设计师的责任。

表1-5-1　　　　　　　　　　　景观设计师应具备的知识技能

专业知识技能	艺术类	美学素养
		美术绘画能力
		透视学
		色彩学
	设计类	场地设计
		制图能力
		园林植物
		城市设计
		生态系统设计
相关知识技能	工科类	建筑工程知识
		城市与区域规划
		水文学、给水排水
	文科、理科类	社会学
		自然地理学、人文地理学
		行为心理学

第二章　景观设计的过程

第一节　明确设计的内容

一般来说，设计之前委托方会出具《规划设计任务书》，以书面的形式明确设计的内容和要求。任务书中会明确基地的基本状况、各种指标、设计要求、项目性质、成果要求等。以下为某市市民广场的设计任务书。

××市市民广场设计任务书

一、项目简介

（一）项目名称：××市市民广场设计。

（二）项目地点：××市政府北侧。

（三）项目范围及规模：市民广场位于××街、××路围合的区域，地块东西长约400m，南北平均宽度约200m，占地面积约8万m²。

二、设计依据

（一）××市城市总体规划。

（二）用地红线图。

三、项目总体要求

（一）功能定位

功能定位：以绿地景观、休闲、健身功能为主的城市综合性广场。

（二）具体要求

1. 认真分析研究用地现状和资源特征，依据国家、省、市有关规范、标准，结合城市规划确定的周边用地功能、道路交通组织等，合理确定设计方案。

2. 设计应处理好与周边地块景观的关系，绿地率指标控制在50%以上。

3. 需设置机动车停车位约100个。

4. 应根据满足功能、方便市民休闲、健身等需要，增设安全舒适的各类设施，包括管理用房、公厕、健身器械、休闲座椅、垃圾收集点等。

一般情况下，设计的内容和要求是事先决定好的。也有个别情况，委托方对设计的内容并不是很确定。这就要求设计师综合考虑土地的基本条件、周边环境特点，向委托方提出技术上的参考意见，以明确设计内容、目标，作为后面设计的基础。

第二节　收集资料

景观设计实际上就是对环境的设计。因此，在设计之前必须收集足够的资料数据，对其进行归纳分析，作为设计的基本条件。应收集的资料如下。

（1）自然数据

气象：气温、湿度、风向、风速、大气污染、雪、雾等。

地形：地势标高、坡度、坡向、起伏度、地貌等。

地质：地质构造、滑坡、水土流失。

土壤：土壤分类、排水、酸碱度、含盐量、土壤侵蚀。

水：水系、河、湖、池塘、湿地分布、地下水位、水流、水质。

生物：植被种类与分布、动物。

景观：地方特性、景观资源种类与分布。

（2）人文数据

历史：历史遗迹、地方历史、古镇、古村、古建筑。

文化：文化资源、文化特性、文化区、习俗、宗教、居民习惯。

其他：周边城市、乡村、人口、交通流量、经济产业、区域发展。

（3）基础设施和社会发展数据

城市：土地利用规划、交通规划、绿地系统规划。

社会发展：经济发展计划、开发建设规划、产业发展规划、社会发展规划。

交通：轨道、公路、高速道路、航空、机场等交通状况。

（4）地块基本条件

用地红线、位置区位、规划道路、周围联络通道、现状设施、电、燃气、上下水通道、排水、水位、给水、现存树木、古树名木、日照、噪声、出入口、构筑物、游客容量、游客特点等。

收集的资料数据一部分由委托方直接提供，另一部分由设计者到当地图书馆、档案管等资料信息中心查阅，或者从公共网站上下载。

第三节　现状分析

任何设计目标的达成都必然受到现状条件的制约。因此应对前期收集的数据资料进行整理分析，摸清现状状况。

初步收集的数据包括图、表、文字等各种数据，内容比较杂乱，需要设计者对其进行归纳分析，可以根据需要制作成各种现状条件图，包括地形图、坡度图、坡向图、土地利用现状图、管线图等。

现状分析有助于设计者理清各类现状条件。图2-3-1、图2-3-2表示设计地块的基本地形现

高程（m）

- 0.00~5.0
- 5.1~10.0
- 10.1~15.0
- 15.1~20.0
- 20.1~25.0
- 25.1~30.0
- 30.1~35.0
- 35.1~40.0
- 40.1~45.0
- 45.1~50.0

图2-3-1 某滨水区地形高程现状分析图

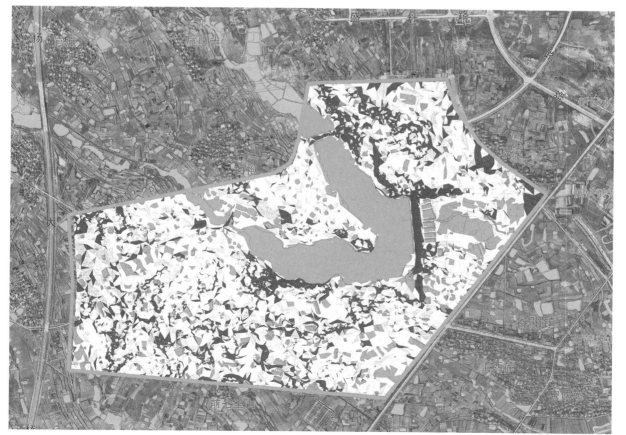

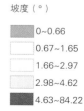

坡度（°）

- 0~0.66
- 0.67~1.65
- 1.66~2.97
- 2.98~4.62
- 4.63~84.22

图2-3-2 某滨水区地形坡度现状分析图

状图。委托方提供了基本的地形测量图（电子图件），设计者将地形数据输入地理软件中，将其制作成为比较专业的坡度等级图。该图通过不同的颜色表示坡度的大小，可以作为基本设计条件图之一。

第四节　明确功能

对现状进行分析后，应明确地块建成后具备什么功能。任何设计都不能是单一功能，而是必须体现复合功能。其中，有主要功能和次要功能。功能之间有相互联系，且受到地块现状条件和开发意图的影响（表2-4-1）。

景观设计的主要功能为提供休闲、游憩场所，促进交往交流，促进生态系统恢复。次要功能包括进出、停车、餐饮、休息、洗手等。根据地块条件和开发意图，功能的选择会有所不同。比如大型市民广场和公园，使用人数多，往往需要配置餐饮、厕所、电话、急救、商品、停车等功能，以满足不同层次人群的需要。森林公园、旅游度假区因为距离市区远，除了餐饮、停车外，还需要有接待、住宿功能。而街区公园主要是以满足附近居民休闲的需要而设置的，面积不大，功能相对比较单一。

表2-4-1　　　　　　　　　　　　各类景观设计类型的功能

类别	野外运动休闲	日常休闲游憩	游乐	集会	体育运动	教育科普	环境质量	审美	生物多样性	生态保护	接待与住宿	餐饮	急救	商品	厕所
社区公园		■					■	■							
动物园		■	■			■			■			■	■	■	■
植物园		■				■	■	■	■	■	■	■		■	■
综合公园		■	■		■	■	■	■	■	■	■	■	■	■	■
体育公园		■	■		■									■	■
森林公园	■		■			■	■	■	■	■	■	■	■	■	■
历史名园		■				■		■				■			■
度假区	■		■						■		■	■	■	■	■
大型游乐场			■								■	■	■	■	■
绿道	■	■			■		■								
广场		■		■				■							■
居住区		■					■	■		■					
建筑中庭		■					■	■							
湿地公园	■					■	■	■	■	■					

注：■表示需要的功能

第五节　确定空间布局方案

一、明确设计目标

设计目标是用文字概括设计所必须达到的功能、效果、意义，是高度概括性的语言。设计目标必须是在对前面委托意图、地块功能、现状条件的充分理解分析基础上做出的，也是后面方案设计、详细设计的指导。

某车站广场设计目标

充分把握火车站改造所带来的发展契机，依托站前广场及滨水地区的建设，通过景观的塑造提升城市品位，展示良好的城市门户形象，带动整个城市旅游业的发展。

满足火车站进出旅客的集散、交往和休闲需求，形成高效率、风景优美、功能组织合理的广场空间。充分发挥交通枢纽、景观节点和绿色生态廊道的功能。

延续古城文脉，形成古今交融的门户性开敞空间。

二、明确基本布局

确定设计目标后，就进入实质性设计阶段。这时候应首先确定基本布局，这一阶段的内容包括道路交通规划、功能分区、确定结构和总体平面等。

（1）道路交通规划

道路交通规划是确定交通路网基本形态走向，包括出入口大小和位置、机动车道路、人行道路、道路样式、停车场位置和规模。

出入口的设置主要考虑进出的方便。一般来说，至少设置主、次入口各一处，以形成环游线路。主要出入口处根据需要配置停车场地。

道路的走向有规则式和曲线式。规则式道路一般要求地形平坦，具有方便、快捷、对称、宏伟、壮观的特点，还可以作为规划的中心轴线使用。因此，古代大型的皇家园林，如法国的凡尔赛宫、我国的故宫等，中心轴线往往采用规则式道路。

曲线式道路避免了规则式道路的单调、呆板的缺点，能够适应不同的地形，形成移步换景、多姿多彩的效果。我国的古典园林、日本的传统园林，以及英国风景园，多采用曲线式园路。近代景观设计往往采用规则式和曲线式道路相互结合的路网形式（图2-5-1）。

图2-5-1　某小区曲线式步行路

（2）功能分区

功能分区是根据地块的特性和制约条件，明确规划范围内各个部分的功能，进行功能的空间配置。功能分区要特别注意与其他功能之间的联系，同时考虑基地的自然特征。比如丘陵坡地，一般作为生态绿化区；靠近河道水体的地方，适宜作为滨水散步带；大面积的湖泊，则考虑水上活动，并配置相应设施；平坦地可以设置大规模集中活动区，但必须靠近出入口或者疏散通道；管理区一般设置在出入口附近隐蔽处，有专用停车场地。

各个功能区必须通过路网连通起来。

（3）结构

结构是确定各个节点、轴线的空间关系。规划中应确定景观主次轴线、主次节点的位置，作为重点景观打造的对象。

（4）总体平面

总体平面是景观结构、功能分区、路网在平面图纸上的具体表现。除此之外，总体平面还需要表现建筑设施、构筑物、植被的分布。

三、详细设计

详细设计是对总体方案的深化和细化。首先是对节点、轴线的细化，其次是各个不同功能区的细化。详细设计时应明确对象的大小、尺寸、高度、材料、色彩，还应确定铺装、植栽、景观构筑物的样式等。

四、方案文本

方案完成后，设计方需要向委托方出具方案文本。方案文本是对方案进行详细说明的文本，里面包括设计图和文字说明。

方案文本一般包括以下内容：

项目概况；

区位分析（位置图、区位图、范围图）；

现状条件（基本地形图、坡度图、坡向图、用地线状图）；

设计的目标、方针、原则；

规划总体构思；

功能分区（功能分区图）；

景观结构（景观结构图）；

总体布局（总体平面图）；

道路交通规划（道路系统图、道路断面图、步行道路图）；

详细设计（详细平面图、剖面图、节点效果图）；

植被设计（植被意向图）；

铺装设计；

照明设计；

主要技术经济指标（用地面积、建筑面积、建筑密度、绿地率、容积率、层数、建筑高度等）。

五、施工图设计

施工图设计是景观设计的最后阶段，也是后期现场施工、建设方和施工方进行工程预算、决算的基础。设计者应充分了解和遵照国家与行业规范，熟悉各类景观工程材料的性质、做法，贯彻方案意图，尽量降低工程造价，做到生态、节能。

施工图设计完成后，设计方需要协同施工方、监理方和建设方进行现场交底，对于图纸中的问题应进行解答。如果后期方案有所更改，设计方需要出具设计变更图，直至项目施工完成。

第三章　景观设计的制图

第一节　制图工具

一、制图用纸

按照用途分类，常用的纸张包括描图纸、绘图纸、涂层纸。

描图纸也称为硫酸纸、底图纸，具有透明、强度高、不变形、耐晒等特点，用于手工描绘、打印、工程图晒图底图。

绘图纸，也称为白图纸，耐擦、耐磨、耐折，用于设计和绘制图形。

涂层纸，用于制作效果图，打印方案文本用。

纸张常用规格见表3-1-3所示。

表3-1-1　　　　　　　　　　　　　　　　纸张常用规格

图幅	纸张规格
A0	841mm×1189mm
A1	594mm×841mm
A2	420mm×594mm
A3	297mm×420mm
A4	210mm×297mm
B0	1000mm×1414mm
B1	707mm×1000mm
B2	500mm×707mm
B3	353mm×500mm
B4	250mm×353mm
B5	176mm×250mm

二、制图用笔

景观制图可以采取手工绘制的方法，也可以使用电脑软件进行设计。手工绘制时候常用的有铅笔、针管笔、麦克笔等。

铅笔包括石墨铅笔和彩色铅笔。石墨铅笔的铅笔芯以石墨为主原料，可以绘图和书写，景观设计中常用其勾勒黑白底稿。彩色铅笔是理想的徒手涂色勾线工具，效果清新高雅，不仅能够勾勒底图，还可以绘制彩色效果图。彩色铅笔分为水溶性和不溶性彩色铅笔。

针管笔又称绘图墨水笔，能绘制不同宽度、均匀一致的黑色线条，是制图基本工具之一，常用于绘制基本平面图、立面图等。所绘线条宽度由针管直径所决定。

麦克笔又称为马克笔，色彩鲜艳，有多种色彩可供选择，是绘制景观效果图、表现图的常用工具。麦克笔包括水性和油性两类，水性麦克笔色彩清澈，有水彩效果，油性麦克笔干燥速度快。

三、制图软件

常用制图软件包括CAD、Photoshop、Sketchup、3Dmax等。

CAD，又称为电脑辅助设计（Computer Aided Design），是利用计算机技术进行二维、三维设计的软件。目前国际上常用的为AutoCAD系列软件，国内也有具备制图功能的CAD软件。景观设计中常用其进行基本设计和施工图设计。

Photoshop是国际上常用的图形处理软件，能对已有图形进行编辑、加工和后期处理。可以在CAD出图的基础上进行渲染，制作彩色平面图、立面图和透视图。

Sketchup是由Google研发的设计软件，能够进行彩色平面图、立面图、三维透视图的制作，以直观的方式反映设计师的设计意图、构思。景观设计师可用其进行设计构思、方案对比，也可以制作景观透视图。

3Dmax是建造模型、进行渲染和动画制作的软件。可以用其制作景观效果图，但是后期渲染处理在Photoshop中进行。

第二节　制图记号（表3-2-1）

表3-2-1　　　　　　　　　　　　　　　　制图记号

名称	图例	名称	图例
1. 旅游服务基地/综合服务设施点		5. 轨道交通	
2. 停车场		6. 自行车租赁点	
3. 公交停靠站		7. 出入口	
4. 码头		8. 导示牌	

名称	图例	名称	图例
9. 厕所		20. 管理机构驻地	
10. 垃圾箱		21. 温室建筑	
11. 观景休息点		22. 原有地形等高线	
12. 公安设施		23. 设计地形等高线	
13. 医疗设施		24. 山石假石	
14. 游客中心		25. 土石假山	
15. 票务服务		26. 独立景石	
16. 儿童游戏场		27. 自然水体	
17. 餐饮设施		28. 规则水体	
18. 住宿设施		29. 跌水、瀑布	
19. 购物设施		30. 旱涧	

名称	图例	名称	图例
31. 溪涧		42. 落叶阔叶乔木	
32. 绿化		43. 常绿针叶灌木	
33. 花架		44. 常绿阔叶灌木	
34. 座凳		45. 落叶阔叶灌木	
35. 花台、花池		46. 竹类	
36. 雕塑	雕塑 雕塑	47. 地被	
37. 饮水台		48. 绿篱	
38. 标识牌		49. 常绿针叶乔木群植	
39. 垃圾桶		50. 常绿阔叶乔木群植	
40. 常绿针叶乔木		51. 落叶阔叶乔木群植	
41. 常绿阔叶乔木		52. 常绿针叶灌木群植	

名称	图例	名称	图例
53. 常绿阔叶灌木群植		57. 外围控制区（地带）界	— — — — —
54. 落叶阔叶灌木群植		58. 风景名胜区景区界、功能区界、保护分区界	– – – – –
55. 竹类群植		59. 风景名胜区界	▬ ▪▪ ▬ ▪▪ ▬
56. 城市绿线	▬▬▬▬▬	60. 规划边界和用地红线	▬ ▪ ▬ ▪ ▬

注：参照CJJ/T 67—2015《风景园林制图标准》。

第三节　图纸种类

图纸分为方案图纸和施工图纸。方案图纸包括位置图、区位图、范围图、现状图、功能分区图、景观结构图、总体平面图、总体鸟瞰图、标高图、道路系统图、道路剖面图、步行道路图、详细平面图、剖面图、节点效果图、植被意向图等（图3-3-1~图3-3-3）。

施工图包括图纸目录、施工设计说明、平面布置图、竖向标高图、定位图、铺装图、详细做法图、绿化施工说明、绿化植被平面图、乔木种植设计图、灌木种植设计图、放线定位图、绿化苗木表、结构设计说明、结构详图、景观电气系统设计说明、照明系统设计图、给排水设计图（图3-3-4、图3-3-5）。

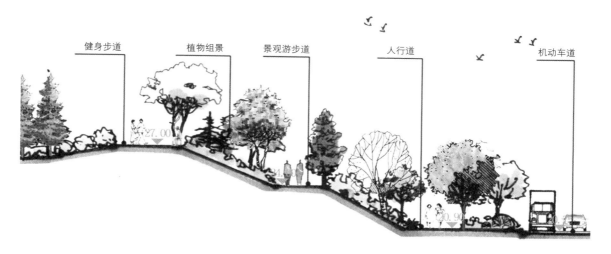

健身步道　　　植物组景　　　景观游步道　　　人行道　　　机动车道

图3-3-1　道路剖面图

图3-3-2　某滨水区内湿地公园鸟瞰图

图3-3-3　某滨水区鸟瞰图

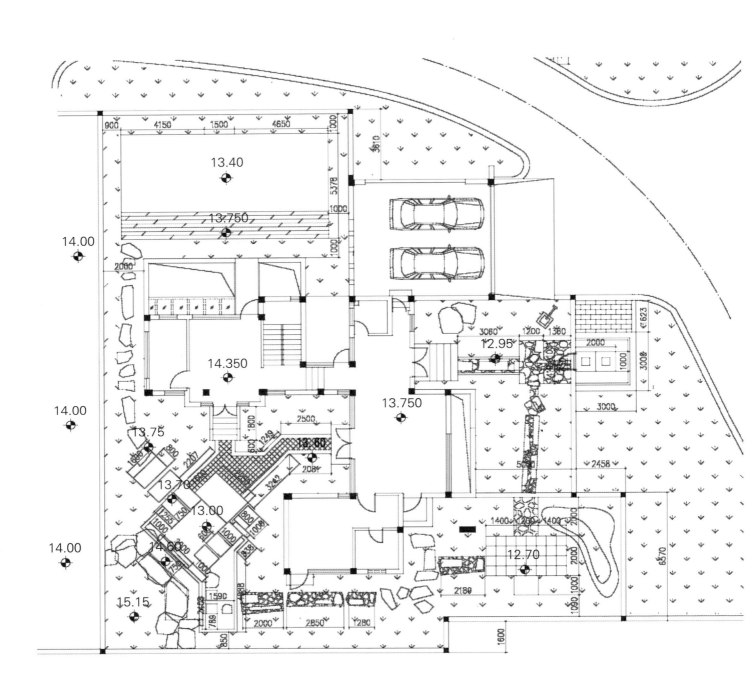

图3-3-4　某别墅庭园施工图

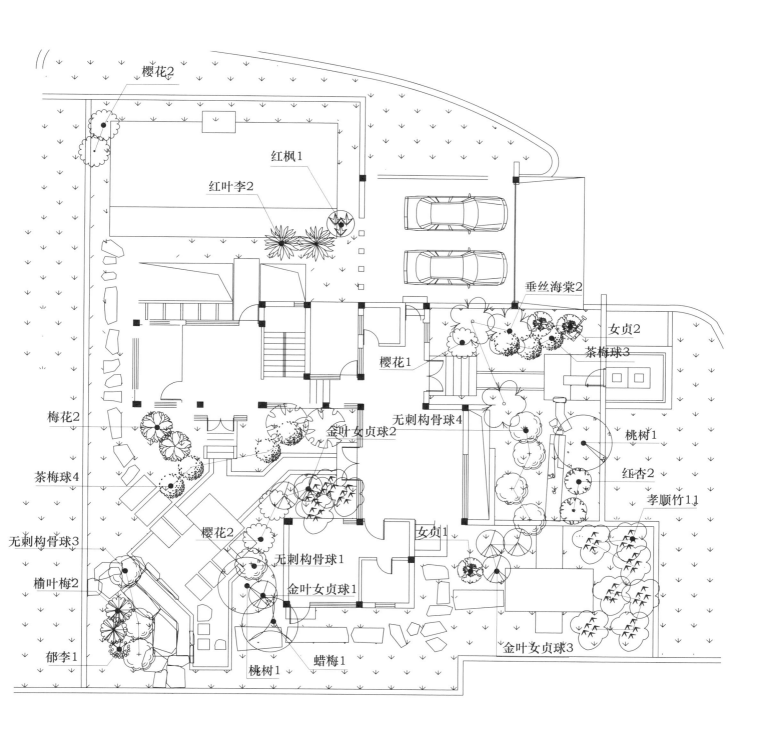

樱花2

红枫1

红叶李2

垂丝海棠2

女贞2

茶梅球3

樱花1

梅花2

金叶女贞球2

无刺构骨球4

桃树1

红杏2

茶梅球4

孝顺竹11

无刺构骨球3

女贞1

樱花2

无刺构骨球1

榆叶梅2

金叶女贞球1

金叶女贞球3

郁李1

桃树1

蜡梅1

图3-3-5　某别墅庭园绿化施工图

第四章 景观设计案例

第一节 住宅庭园

一、概要

住宅庭园是依附于住宅的庭园，是该住宅居住者日常休闲、散步、谈话、活动的场所。在现阶段，住宅庭园一般为别墅物业拥有者所有，面积从几十平方米到数千平方米。

住宅庭园一般为家庭成员内部使用，也偶尔有宾客使用。因此，在设计上应充分注重私密性和功能区分。

住宅庭园一般包括前庭、入口通道、中庭、后花园、活动场地、水池、鱼池、亭子。面积大的还可以设置私家游泳池，也可以酌情设置瀑布水景。

二、典型案例设计过程

本案例为太湖之滨一处私家别墅庭园，位于苏州西南吴中区东山上，距离市区30千米。东山风光秀丽，物产丰富，文化古迹众多。

1. 调查

通过现场勘查、资料数据收集对现状进行了详细调查。苏州当地为亚热带季风气候，四季分明，自然灾害少，年平均气温16摄氏度，降雨量为1139毫米。该别墅区依东山而建，地形西北高东南低。别墅区内土质良好，现存有大量的果树、银杏等植被，周边视野开阔，无明显遮挡物。东南侧为民宅和排洪沟，东面为公园，西边为学校。周边配套设施比较成熟，已经开发了一批别墅。

该别墅区品质高档，建筑风格为现代中式，结合了现代简约风格和苏州中式风格。

本案例为位于该别墅区中部的一栋私家别墅庭园，面积约1400平方米。园地基本位于建筑北侧，地势北高南低。且北边坡地较陡，不宜安排人员活动。建筑西边离相邻别墅建筑较近，私密性受影响（图4-1-1）。

经过与业主沟通交流，明确了该庭园应突出坡地景观特色，配置私家游泳池、鱼池。

2. 功能布局

考虑地形起伏、建筑出入口和功能划分，确定庭院的功能布局。泳池需要一定的私密性，而且要求地形平坦，因此放置于别墅建筑东侧。别墅建筑西侧为绿化隔离区，配置活动场地。建筑北侧依山势建造瀑布和鱼池，结合瀑布设置观景木甲板（图4-1-2、图4-1-3）。

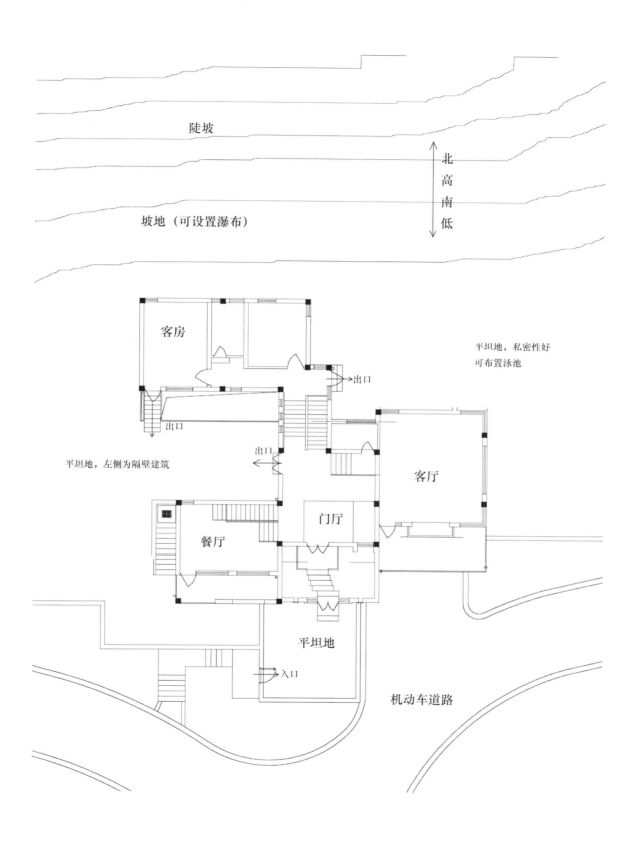

陡坡

坡地（可设置瀑布）

北
高
南
低

客房

平坦地，私密性好
可布置泳池

出口

出口

出口

平坦地，左侧为隔壁建筑

客厅

餐厅

门厅

平坦地

入口

机动车道路

图4-1-1　现状条件分析图

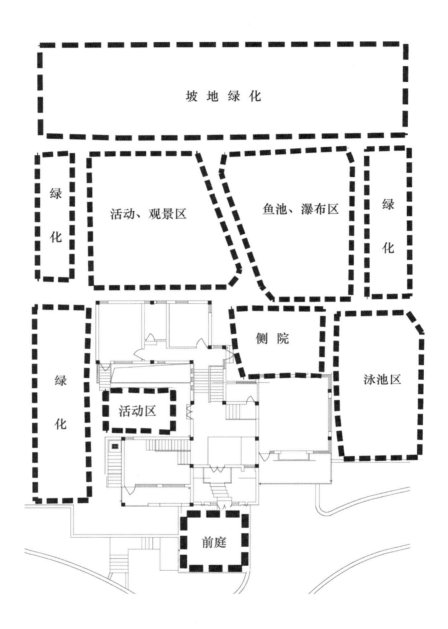

坡 地 绿 化

绿化

活动、观景区

鱼池、瀑布区

绿化

绿化

侧 院

泳池区

活动区

前庭

图4-1-2 功能布局图

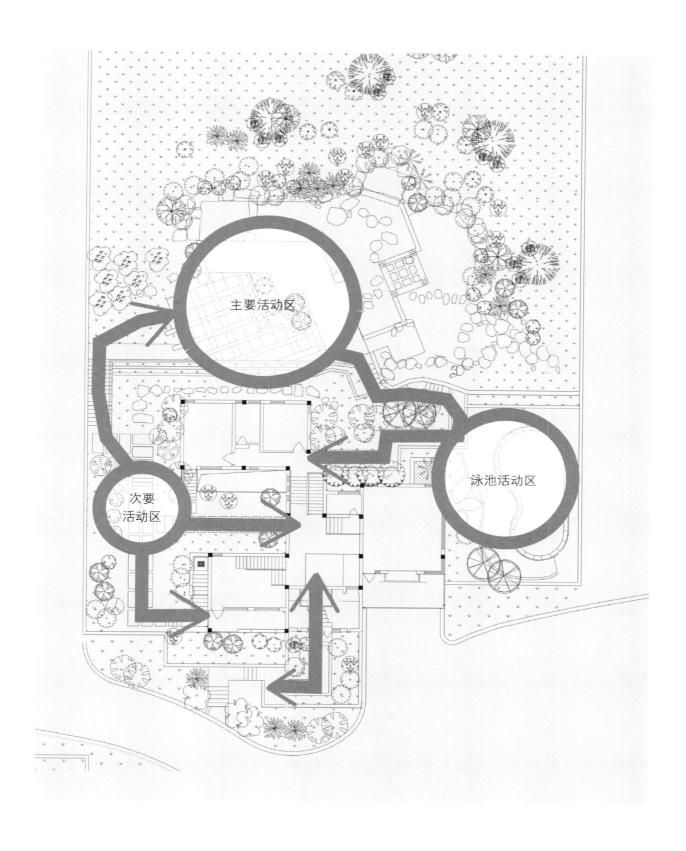

主要活动区

泳池活动区

次要
活动区

图4-1-3　活动游线图

3. 方案设计

（图4-1-4）

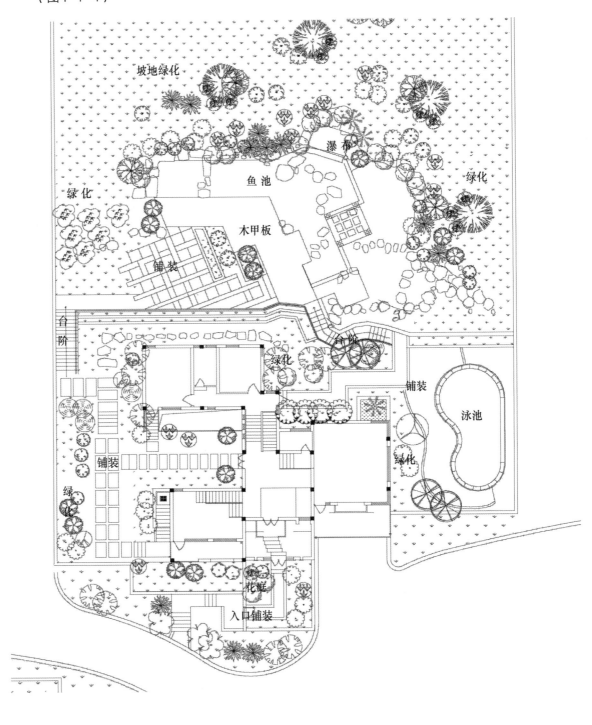

坡地绿化

瀑布

绿化

鱼池

绿化

木甲板

铺装

台阶

台阶

绿化

铺装

泳池

铺装

绿化

绿化

花庭

入口铺装

图4-1-4 平面设计图

三、其他案例

（图4-1-5~图4-1-9）

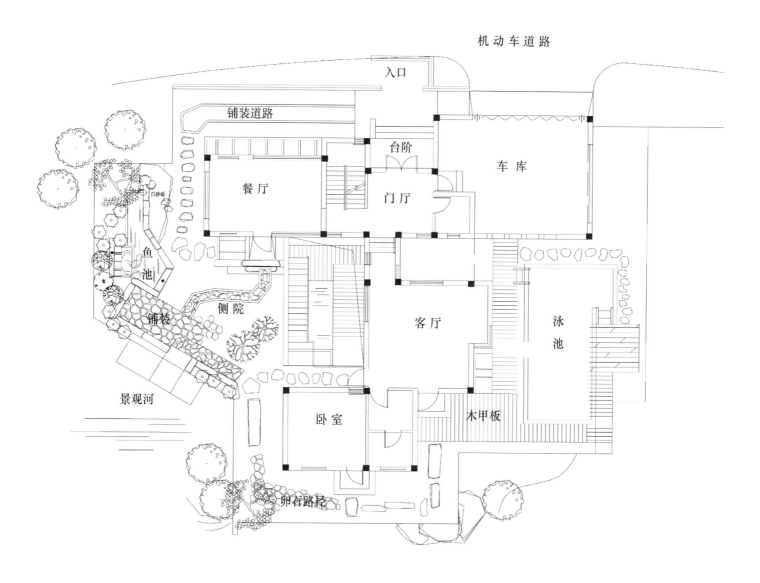

机动车道路

入口

铺装道路

台阶

车库

餐厅

门厅

白砂砾

鱼池

侧院

泳池

客厅

铺装

景观河

卧室

木甲板

卵石路径

图4-1-5　庭园设计案例一

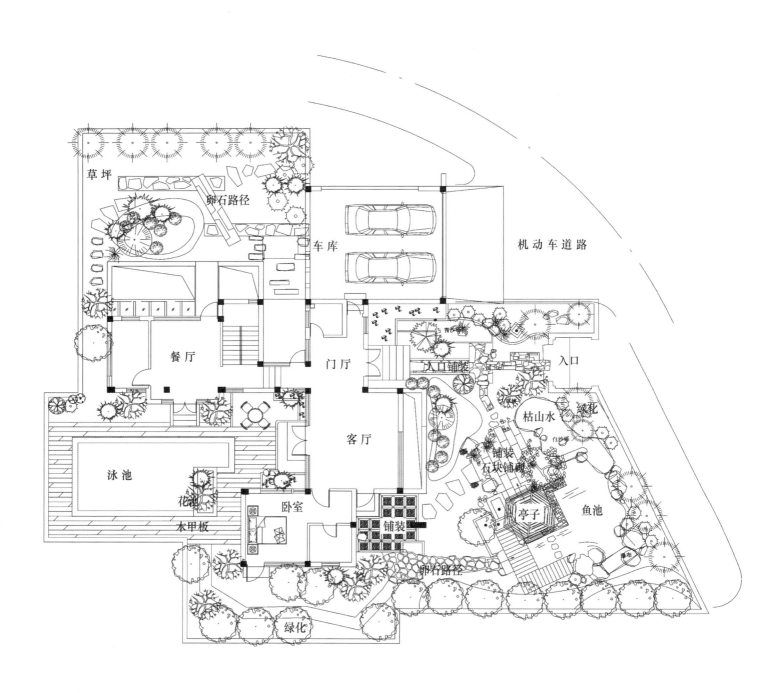

草坪

卵石路径

车库

机动车道路

入口

餐厅

门厅

入口铺装

枯山水

绿化

客厅

铺装
石块铺砌

泳池

花池

卧室

铺装

亭子

鱼池

木甲板

卯石路径

绿化

图4-1-6　庭园设计案例二

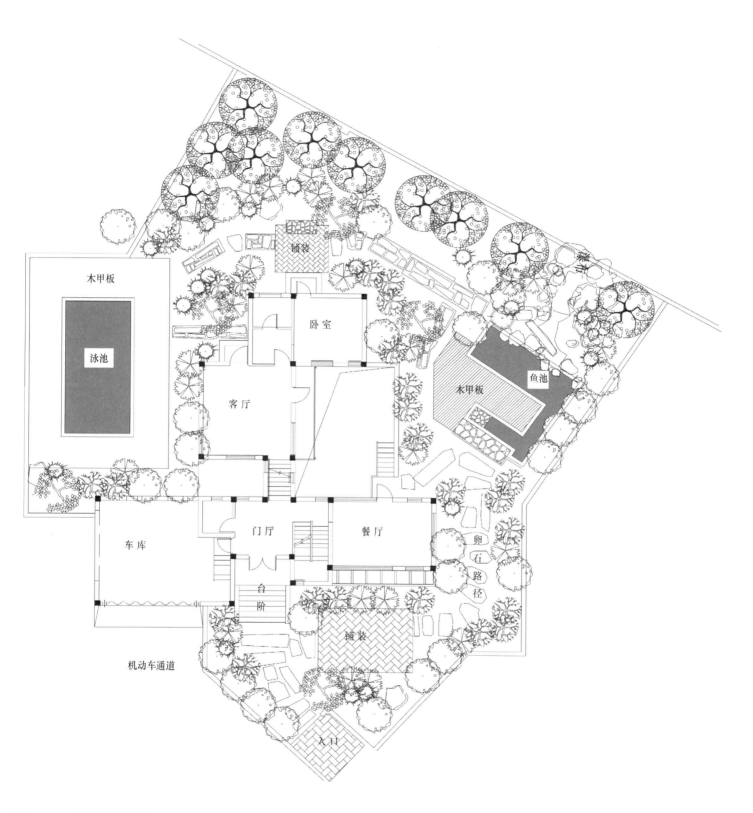

木甲板

泳池

木甲板

鱼池

铺装

卧室

客厅

门厅

餐厅

车库

台阶

卵石路径

铺装

入口

机动车通道

图4-1-7　庭园设计案例三

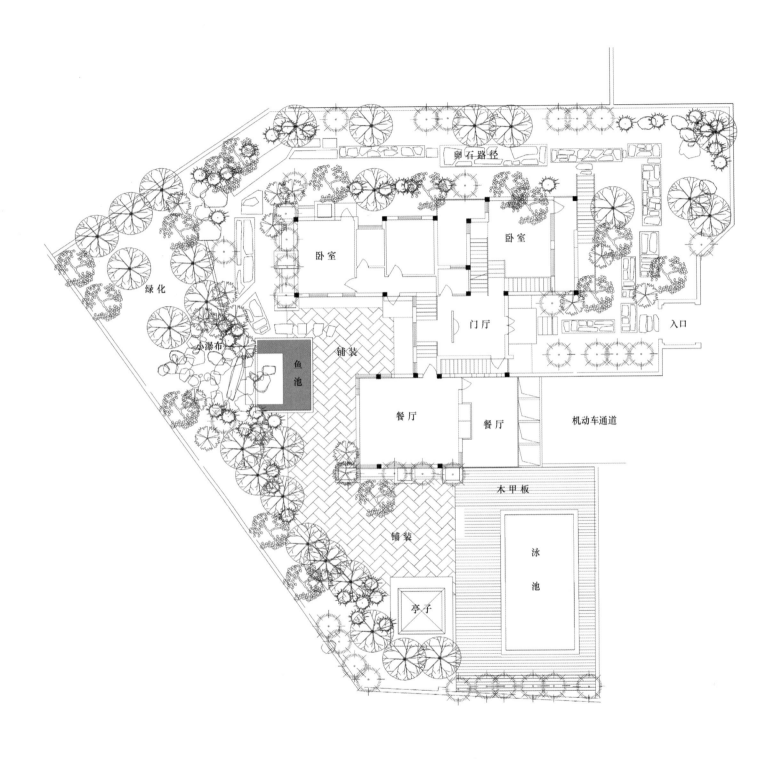

图4-1-8 庭园设计案例四

机动车通道

餐厅
厨房
泳池
坡地绿化
客厅
台阶
水池
铺装
活动室
前庭
水池
铺装
铺装
铺装
木甲板
卧室
铺装
鱼池
门厅
路径
入口

图4-1-9　庭园设计案例五

第二节　居住区景观设计

一、概要

居住区是人类聚居的环境，一般来说泛指不同居住人口规模的居住生活聚居地和特指被城市干道或自然分界线所围合，并与居住人口规模（30 000~50 000人）相对应，配建有一整套较完善的、能满足该区居民物质与文化生活所需的公共服务设施的居住生活聚居地。

根据人口规模或居民户数可以将居住区分为居住区、居住小区和居住组团三级。

居住小区一般称小区，是被居住区级道路或自然分界线所围合，并与居住人口规模（10 000~15 000人）相对应，配建有一套能满足该区居民基本的物质与文化生活所需的公共服务设施的居住生活聚居地。

居住组团一般称组团，指一般被小区道路分隔，并与居住人口规模（1000~3000人）相对应，配建有居民所需的基层公共服务设施的居住生活聚居地。

居住区景观设计是居住区规划设计的重要组成部分，也是建筑工程设计的有机补充。设计原则如下。

（1）通过景观塑造提升居住区的生活品位，展示绿色、人文的人居环境形象。

（2）满足居民居住、休闲、休憩、观景的需求，形成景观精致优美、自然生态、功能合理的户外景观空间。

（3）延续地域文脉，提升居住区的文化内涵。

图4-2-1　现状地形照片

二、典型案例设计过程

本案例为镇江某居住区，居住户数为500户。该居住区定位比较高档，由双拼别墅、联排别墅、多层花园洋房、小高层组成。总用地面积8万平方米，建筑密度30%，容积率1.0，绿地率接近50%。

1. 调查

该居住区周边配套设施完善，有完善的交通路网。居住区西边紧靠城市广场，该广场绿地率高，有很好的景观资源，视野开阔。周边建筑相对比较规整。

居住区内地势有微弱起伏，土质良好，现场无高大树木。建筑朝向均为南北向，总体比较对称。小高层在最北侧，双拼别墅在西侧靠近广场处，联排在南侧和中间偏右，花园洋房在东侧。建筑布局不活泼，景观设计需要弥补建筑布局呆板的缺陷（图4-2-1~图4-2-3）。

2. 确定设计原则

（1）在城市中营造自然环境与健康生活相协调的生态型居住区。

（2）充分利用石材、植被的天然特点。

图4-2-2　周边状况照片

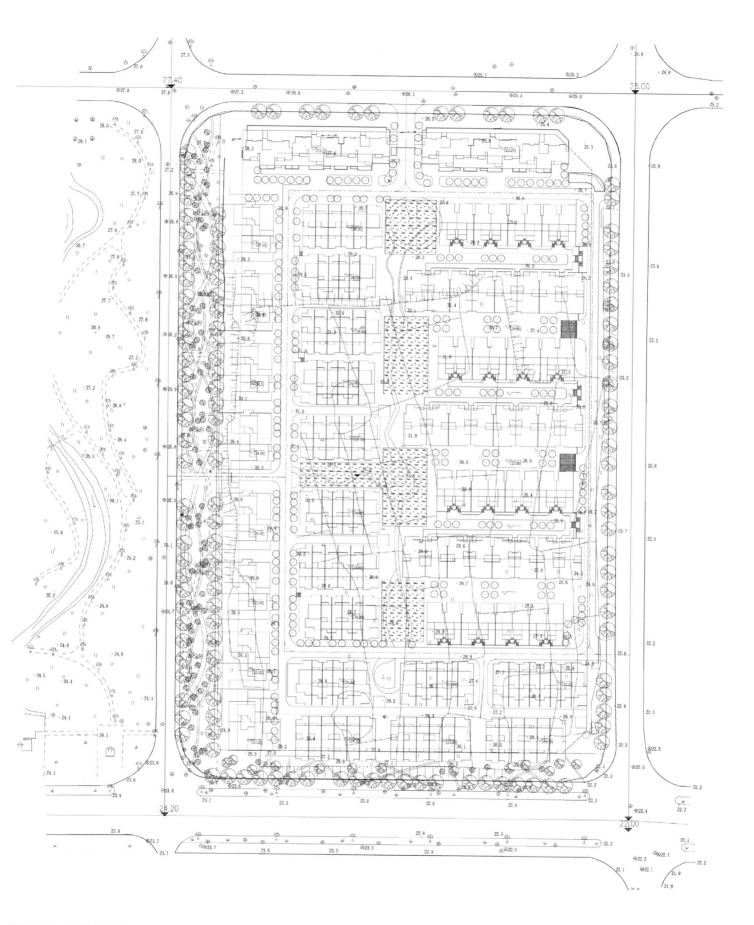

图4-2-3　现状平面图

（3）利用地形高差汇水，形成自然性的溪流水系。

（4）不同空间应具有不同的绿化趣味。

3. 确定景观结构

在设计区内形成三主、五次、五轴的景观结构，沿纵向方向形成三处主要景观节点，分别以瀑布水池、枫叶观景、下沉广场为主题。各个区块主要人流汇集处形成五处次要景观节点，从北往南贯穿主要景观节点形成纵向景观主轴线。在楼间布置四条横向景观轴线。五条轴线将节点连接成景观系统（图4-2-4）。

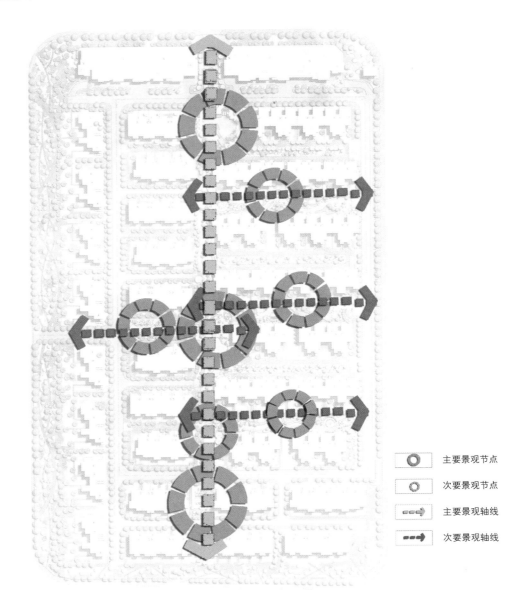

主要景观节点

次要景观节点

主要景观轴线

次要景观轴线

图4-2-4　景观结构分析图

4. 确定方案平面

（图4-2-5）

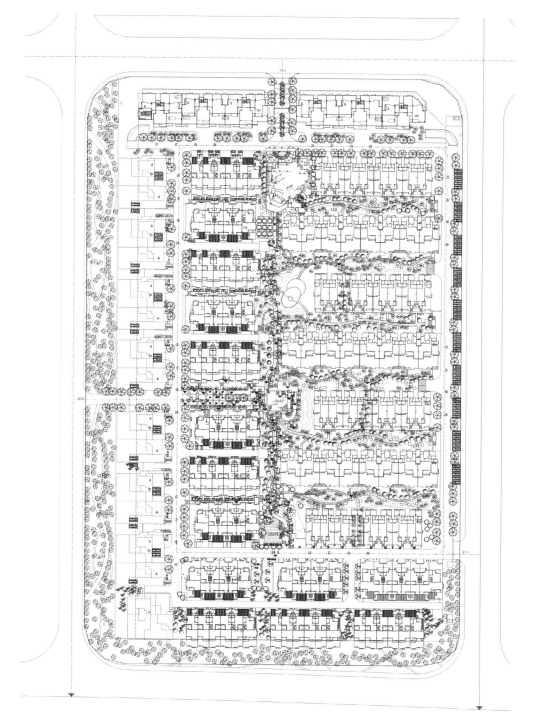

图4-2-5 总平面设计

5. 分区详细设计

（图4-2-6~图4-2-9）

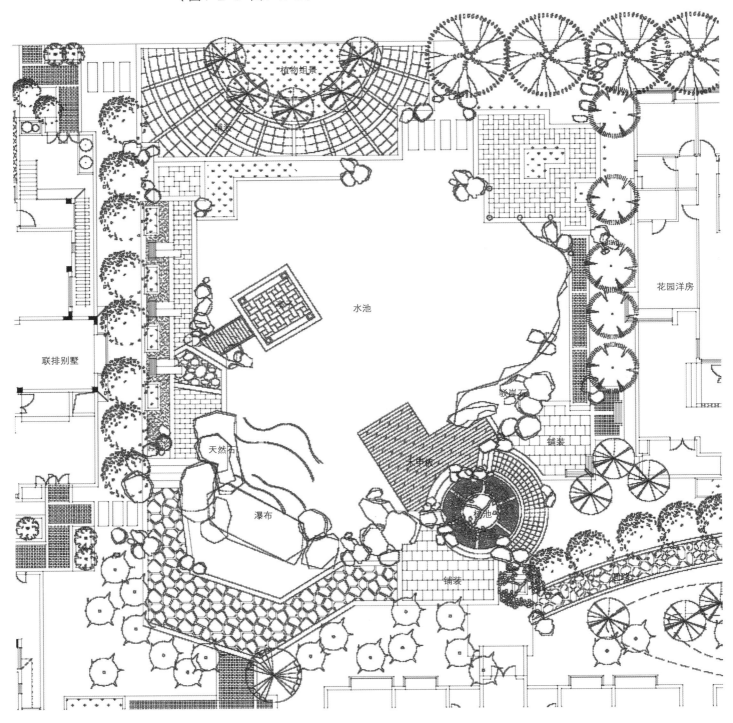

植物组景

铺装

联排别墅

水池

亭

天然石

瀑布

木甲板

驳岸石

铺装

养池

铺装

花园洋房

铺装

图4-2-6　节点设计一

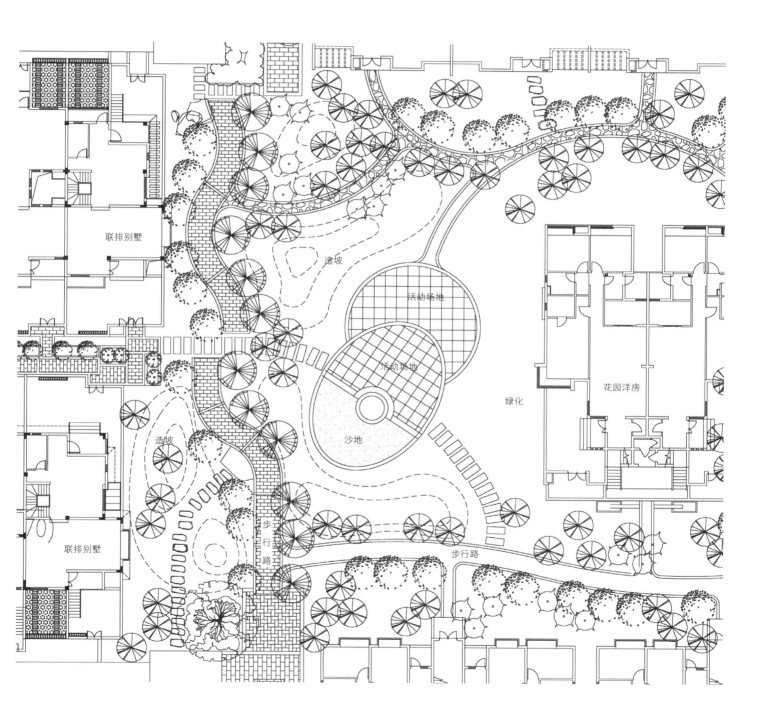

联排别墅

造坡

联排别墅

造坡

步行路

沙地

活动场地

活动场地

绿化

花园洋房

步行路

步行路

图4-2-7　节点设计二

43

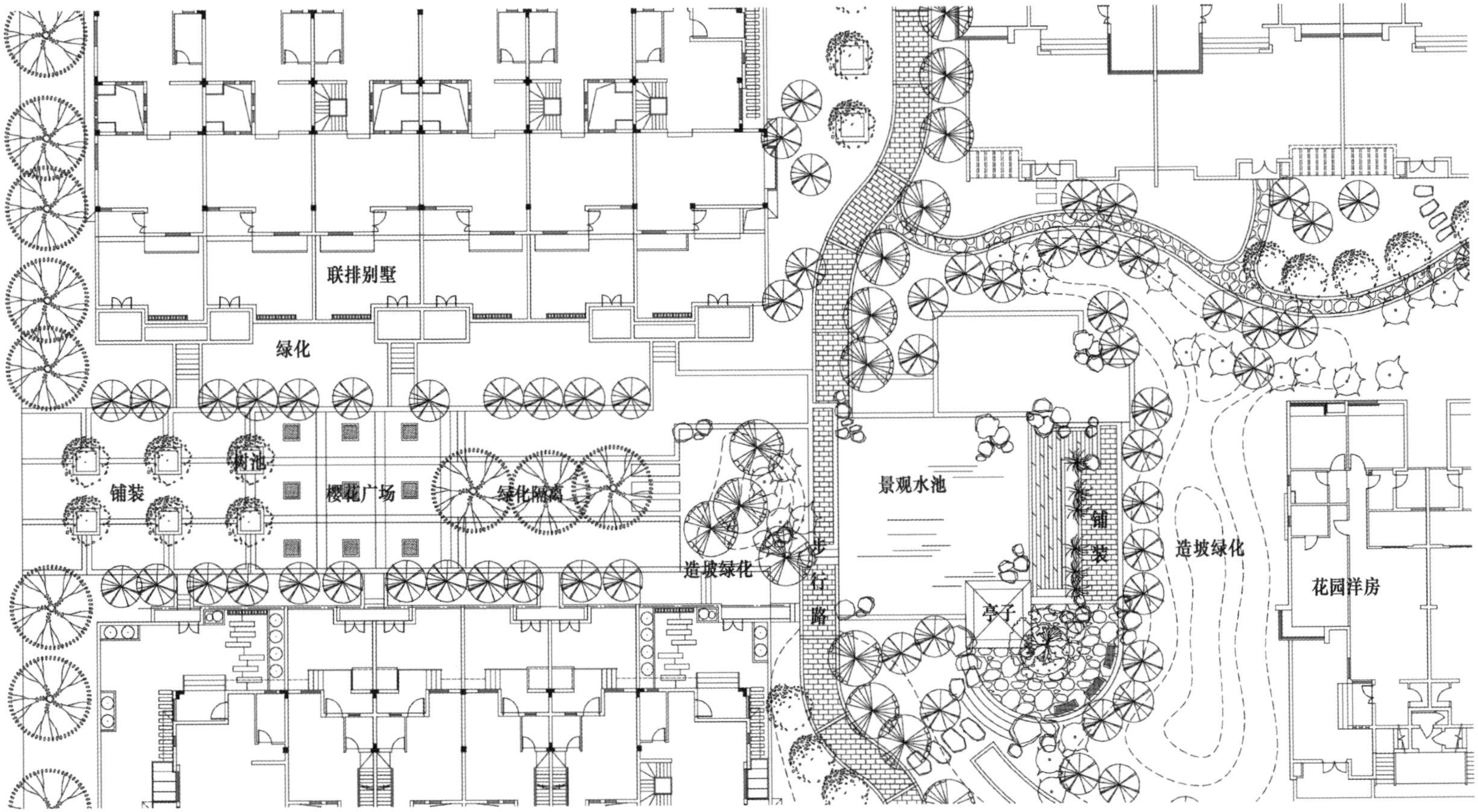

图4-2-8 节点设计三

花园样房

造坡绿化

景观水池

亭子

铺装

造坡绿化

联排别墅

绿化

绿化带

观赏广场

水池

铺装

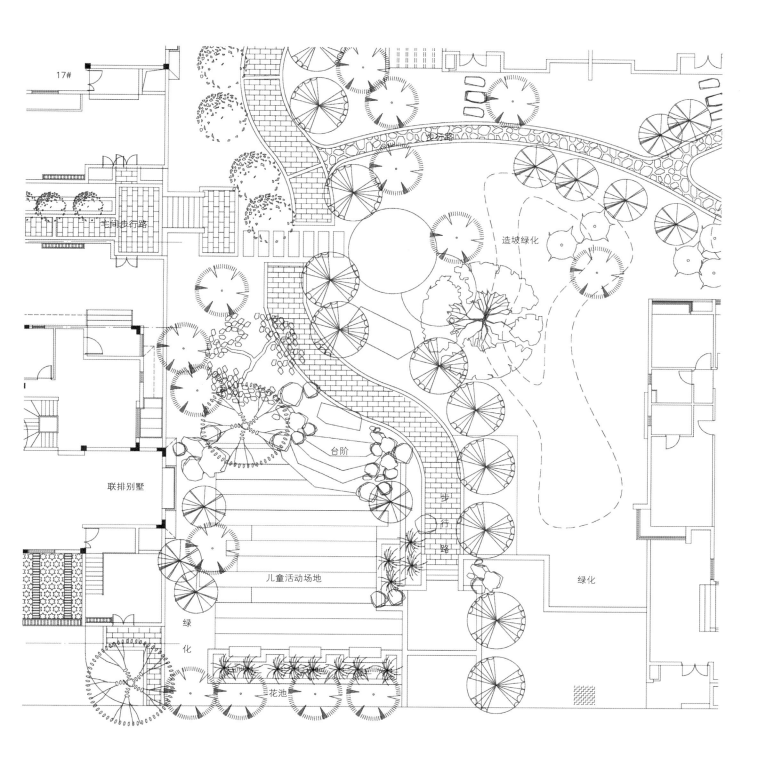

17#

宅间步行路

步行路

造坡绿化

联排别墅

台阶

步行路

儿童活动场地

绿化

绿化

花池

图4-2-9　节点设计四

6. 确定植物

（图4-2-10）

图标	名称	数量（株）	图标	名称	数量（株）	图标	名称	数量（m²）	图标	名称	数量（m²）
	香樟	71		散尾葵	1		睡莲	103m²		红瑞木	211
	银杏（大）	17		红叶李	65		棕榈	3		绣球	301
	银杏	44		贴梗海棠	69		剑兰	65		紫叶小檗	424
	广玉兰	47		垂丝海棠	21		玫瑰	320		八角金盘	433
	金桂	7		垂柳	6		金丝桃	134		花叶玉簪	426
	桂花	89		五针松	4		杜鹃	897		云南黄馨	65
	木槿	49		碧桃	108		红花檵木	1031		多花蔷薇	74
	樱花	113		花石榴	68		金森女贞	447		花叶蔓长春花	26
	栾树	15		红枫	44		龟甲冬青	404		芦苇	18
	榉树	10		青枫	33		大叶栀子	334		金钟	16
	女贞	32		芭蕉	13		金叶瓜子黄杨	369		菖蒲	30
	水杉	6		橘树	9		红王子锦带	481		紫叶酢浆草	322
	朴树	40		山茶花	99		法青	192		红花酢浆草	487
	合欢	15		红花檵木球	124		海桐	320		紫露草	229
	杜英	61		金叶女贞球	129		小龙柏	243		鸢尾	94
	鹅掌楸	11		海桐球	127		阔叶十大功劳	388		四季草花	100
	梅花	63		阔叶十大功劳	75		南天竺	320		常绿草坪	6217
	丁香	77		火棘球	88		洒金桃叶珊瑚	425			
	紫荆	74		茶梅球	156		红叶石楠H	205			
	紫薇	87					红叶石楠	344			

图4-2-10　植物表

三、相关数据

（图4-2-11～图4-2-20）

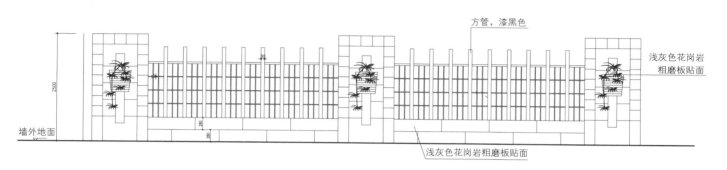

图4-2-11 围墙立面图

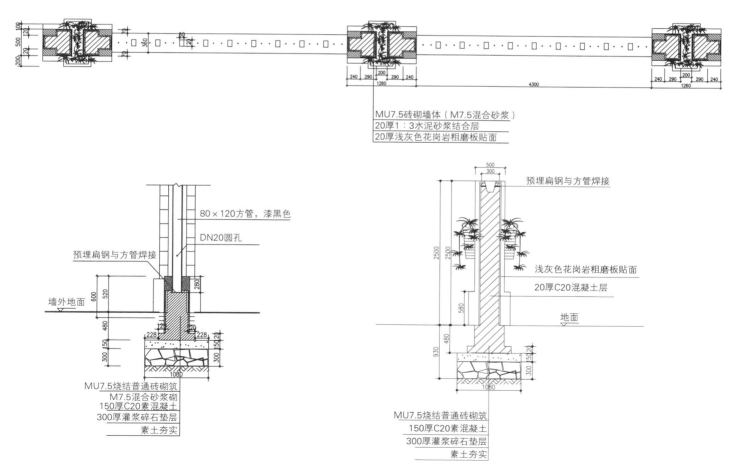

图4-2-12 围墙平面图与剖面图

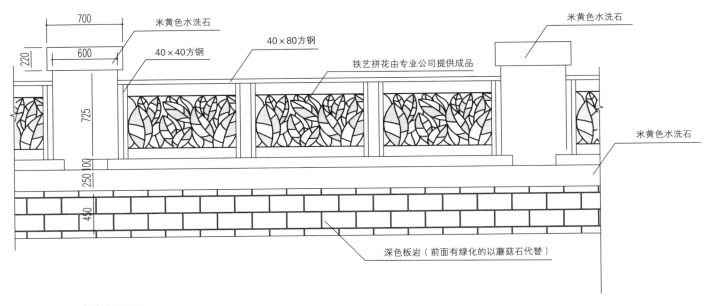

米黄色水洗石
米黄色水洗石
40×40方钢
40×80方钢
铁艺拼花由专业公司提供成品
米黄色水洗石
深色板岩（前面有绿化的以蘑菇石代替）

图4-2-13　院墙立面图

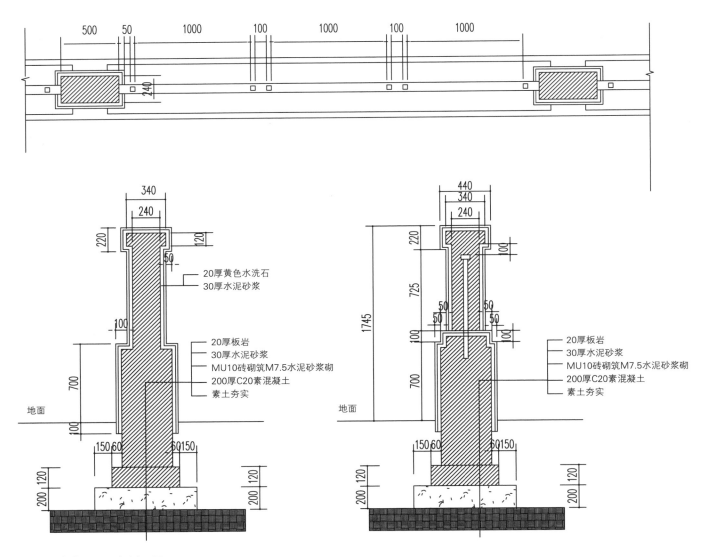

20厚黄色水洗石
30厚水泥砂浆

20厚板岩
30厚水泥砂浆
MU10砖砌筑M7.5水泥砂浆砌
200厚C20素混凝土
素土夯实

地面

20厚板岩
30厚水泥砂浆
MU10砖砌筑M7.5水泥砂浆砌
200厚C20素混凝土
素土夯实

地面

图4-2-14　院墙平面图与剖面图

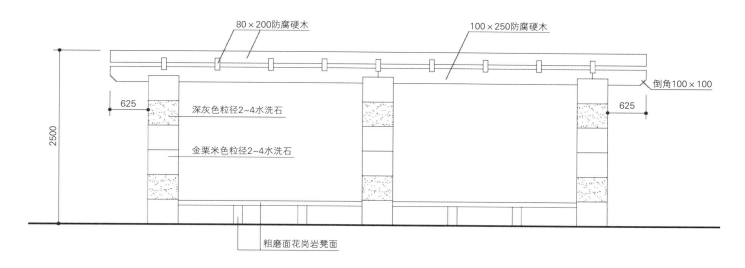

图4-2-15　花架立面图

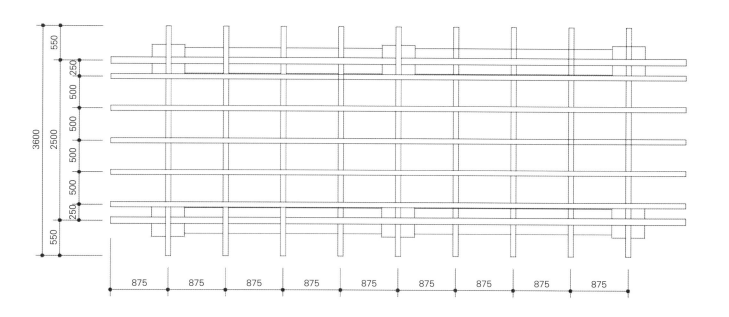

图4-2-16　花架平面图

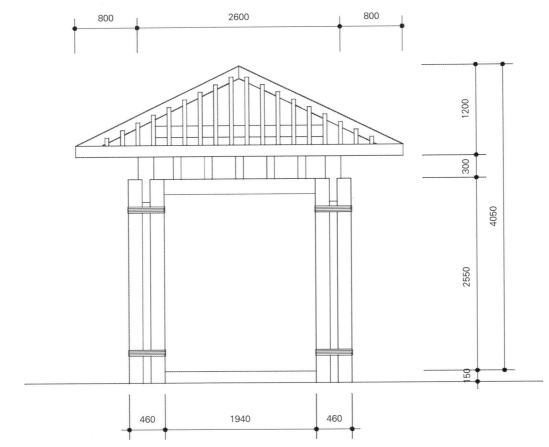

图4-2-17 亭子立面图

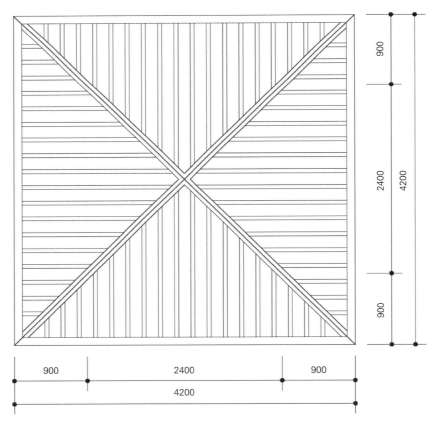

图4-2-18 亭子平面图

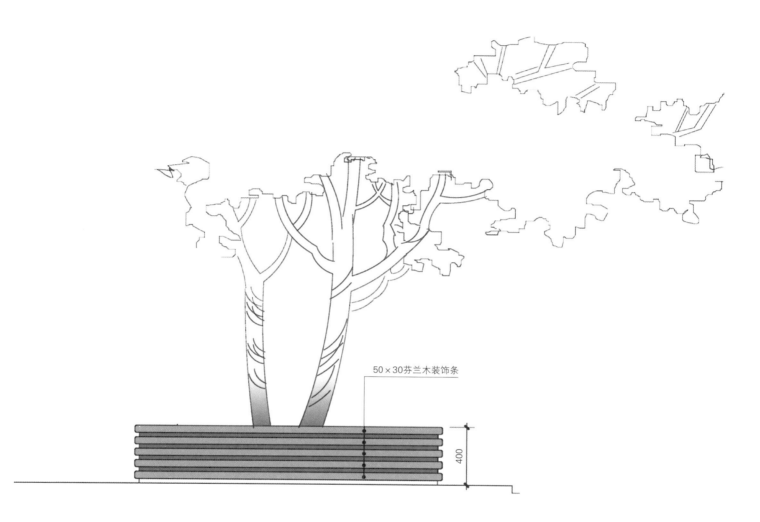

50×30芬兰木装饰条

400

图4-2-19 树池立面图

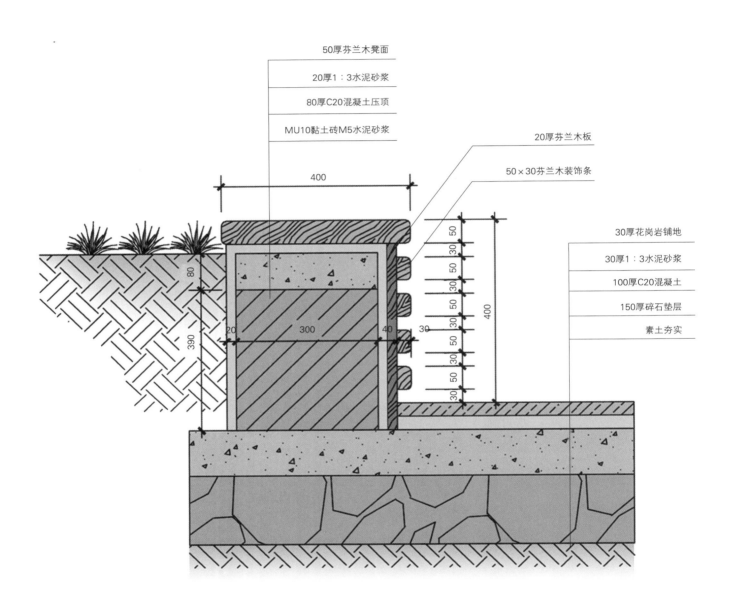

50厚芬兰木凳面

20厚1：3水泥砂浆

80厚C20混凝土压顶

MU10黏土砖M5水泥砂浆

20厚芬兰木板

50×30芬兰木装饰条

30厚花岗岩铺地

30厚1：3水泥砂浆

100厚C20混凝土

150厚碎石垫层

素土夯实

400

300

图4-2-20　树池大样

四、其他案例

（图4-2-21~图4-2-23）

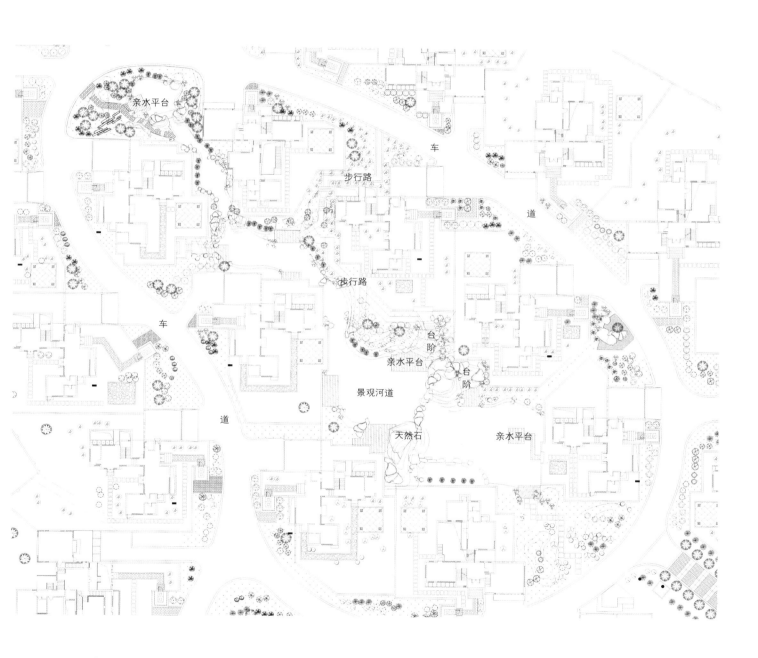

亲水平台

车

步行路

道

步行路

车

道

台阶

亲水平台

台阶

景观河道

天然石

亲水平台

图4-2-21　某临水别墅组群景观设计平面图

图4-2-22 太湖水路十八湾主入口景观方案

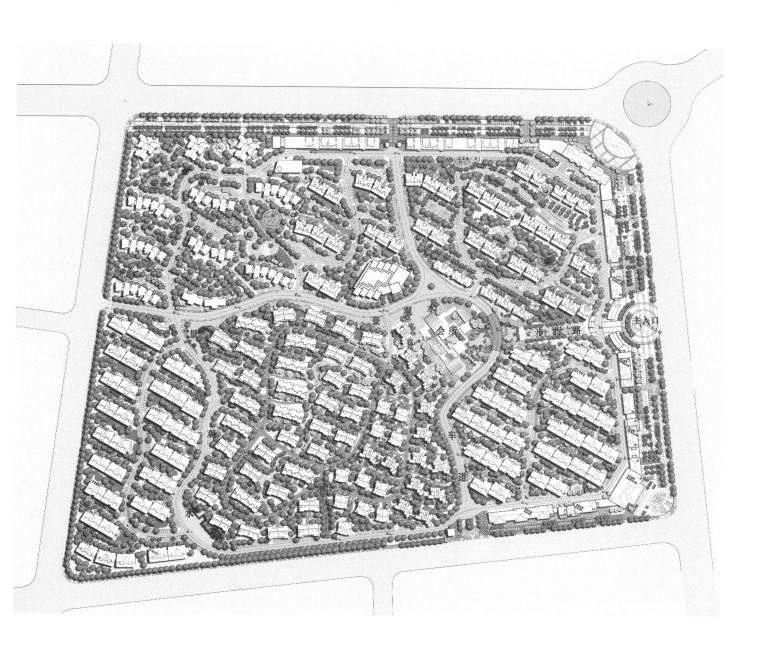

图4-2-23 南京某居住区景观设计方案

第三节　中庭

一、概要

中庭是四周被建筑围合的庭院。中庭历史悠久，早在古希腊时代，一些住宅就带有中庭，内种植各种植被花果。罗马住宅建筑也多见中庭，且被柱廊所环绕，具有迎宾接客、交流交往的功能。

中庭可以位于一栋建筑内，也可以位于一组建筑之间。对于建筑物来说，中庭不仅将绿色、生态因素带到建筑中，起到通风、采光的作用，同时也是人们交流、休息的场所。现代社会要求建筑生态化、绿色化，中庭的价值受到重视，被大量应用于建筑设计中。

中庭的面积从几十平方米到上千平方米都有，其功能主要根据中庭的面积大小和周边建筑物的要求而定。一般来说，中庭的功能包括：

（1）促进建筑物通风、采光；

（2）降低建筑能耗；

（3）促进建筑的生态性；

（4）提高建筑的文化品位；

（5）提高建筑的景观价值；

（6）提供交往交流空间。

二、典型案例设计过程

1. 调查

本案例为某办公楼一层中庭，四周被建筑环绕，场地为规整的矩形。中庭东西两侧为办公间，由走廊连接。中庭南面为该大楼的主入口，北面为一层的洗手间。地面已经被平整过。

经过与委托方的交流，确定中庭的功能为：提升建筑的绿化水平和景观价值，形成赏心悦目的办公环境；打造生态建筑；中午休息时间喝茶、谈话；通风、采光。

2. 确定功能布局

由于场地东西窄、南北长，因此沿着南北方向布置长条形水渠，贯穿整个中庭。水渠上从北往南安排三处涌泉，形成有动有静的水景观，且让两边办公间能够均衡地享受到水景价值。以南北两处涌泉为中心，形成北景观区和南景观区，在视线上对入口大堂和北大堂适当进行遮挡。水渠两侧错位分别布置植被区和休息区。植被以常绿、耐阴植物为主，辅助以四季花卉。休息区放置休闲桌椅，是工作人员交流、谈话、休息场所（图4-3-1）。

3. 确定方案平面

（图4-3-2）

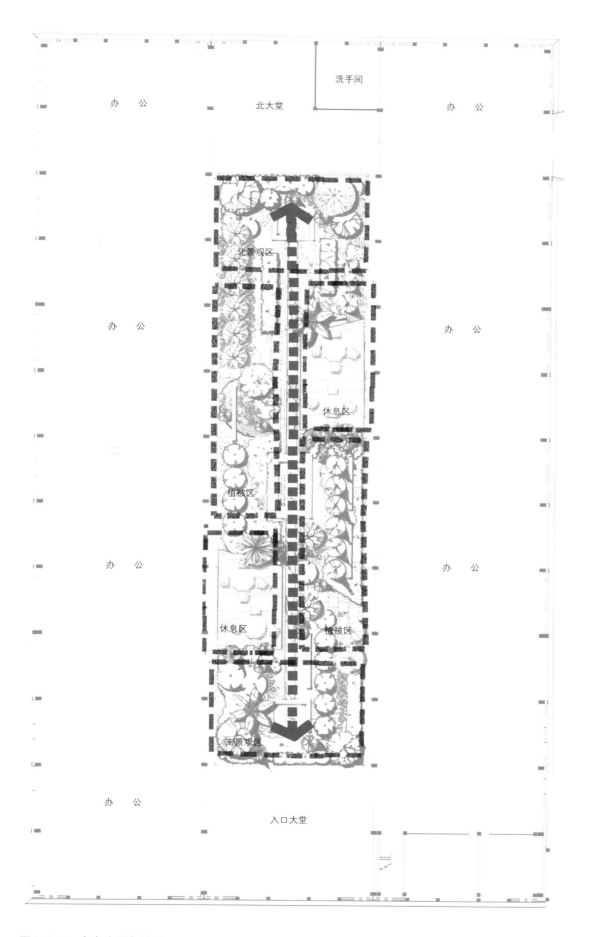

洗手间

办　公　　　　北大堂　　　　　办　公

北景观区

办　公　　　　　　　　　　　　办　公

休息区

植被区

办　公　　　　　　　　　　　　办　公

休息区　　　植被区

南景观区

办　公

入口大堂

图4-3-1　中庭功能布局图

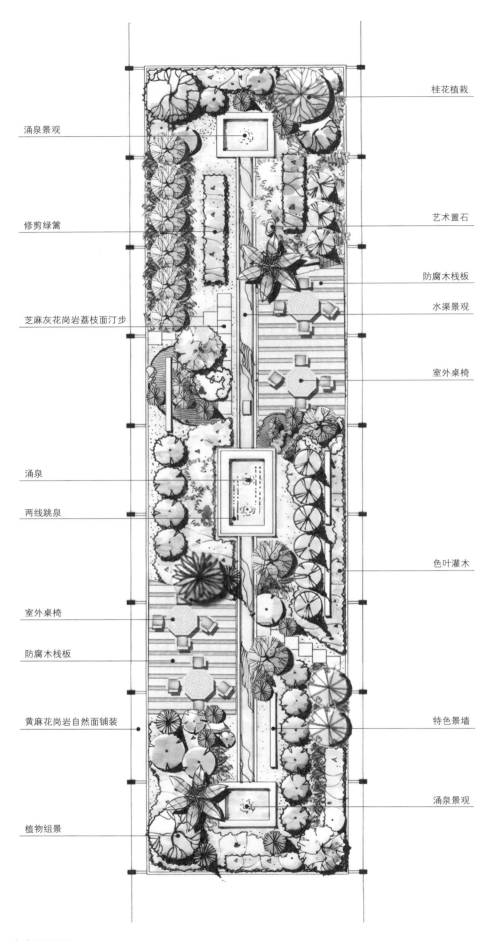

涌泉景观

修剪绿篱

芝麻灰花岗岩荔枝面汀步

涌泉

两线跳泉

室外桌椅

防腐木栈板

黄麻花岗岩自然面铺装

植物组景

桂花植栽

艺术置石

防腐木栈板

水渠景观

室外桌椅

色叶灌木

特色景墙

涌泉景观

图4-3-2　中庭平面图

三、其他案例

（图4-3-3、图4-3-4）

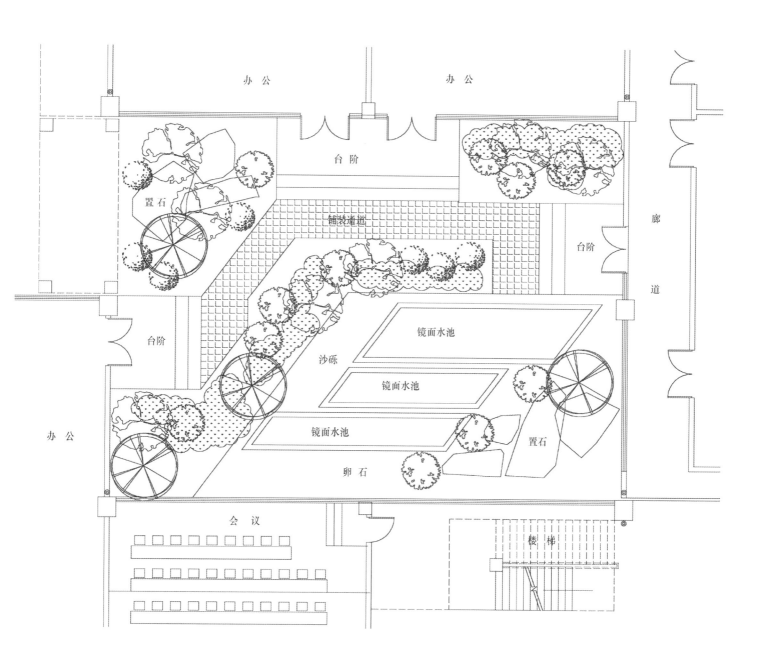

办 公　　　　　办 公

台 阶

廊 道

置 石

铺装通道

台 阶

台 阶

镜面水池

镜面水池

沙砾

镜面水池

办 公

置 石

卵 石

会 议

楼 梯

图4-3-3　苏州某写字楼中庭方案

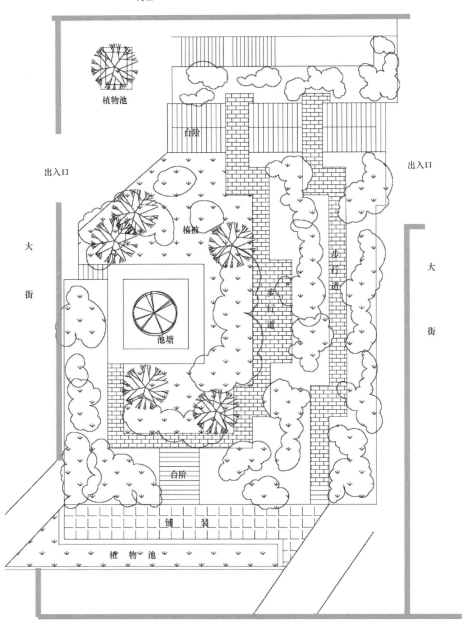

图4-3-4　美国福特楼中庭示意图

第四节　广场设计

一、概要

早在古希腊城邦时期，广场就成为城市中进行集会、举行庆典的场所。在现代社会中，广场依旧是城市中不可缺少的组成部分，但是功能大大地拓展了。随着城市的日益发展，广场作为重要的开放空间，提供了集散、交通、集会、仪式、游憩、商业买卖和文化交流的功能。根据所承担的功能，广场大致分为市民广场、交通广场、纪念性广场、商业广场、街道广场、建筑广场等（表4-4-1）。

表4-4-1　　　　　　　　　　　　广场功能和位置

分类	功能	位置
市民广场	集会、交流、公众信息发布、公共活动、游玩、休闲	城市中心、商业中心、居住区中心、居民容易聚集处、人流量大的城市节点
交通广场	疏散、组织、引导交通流量，转换交通方式	车站前、交通换乘处
纪念性广场	举行庆典活动和纪念仪式	具有重要政治意义的建筑物前或者具有政治、历史意义的场所
商业广场	商品买卖、休闲娱乐、人流集散	商业区的节点
街道广场	行人休息、交谈、等候的场所	道路节点
建筑广场	会谈、交流、标识	建筑前

二、典型案例设计过程

本案例为某历史名城新火车站站前广场景观设计方案。火车站站前广场景观建设是新火车站改扩建工程的配套工程，方案设计范围由站房南、北广场组成。

1．调查

首先对现状进行调查分析。该火车站地区是城市门户，但其整体形象未能充分体现经济发展和历史文化名城的特色。火车站设施已经较为陈旧，交通管理比较混乱，环境质量也有待改善和提高。环境方面存在脏、乱、差的特点，外来居住人口占较大比例，棚户建筑、农村住宅、城市小区、工厂、学校等建筑混杂布置。市政、交通条件均处于城市中较低水平，道路交通尚不成系统，市政配套设施不全。此外，该地区水系较为丰富，绿化较好，但这一景观资源未能得到充分利用。

充分利用现状水系，加强与环城河的联系，并延续城—水格局，是本次景观设计的重点。

用地总面积为63 000m²（图4-4-1）。

2．确定设计原则思路

本设计应遵从整体性、生态性、创新性原则，以及布局优化原则。

注重广场景观设计与火车站及站前建筑群的呼应和协调。滨水地区的景观设计要充分彰显区段特色，强化广场空间的围合感，形成整体性的景观风貌。

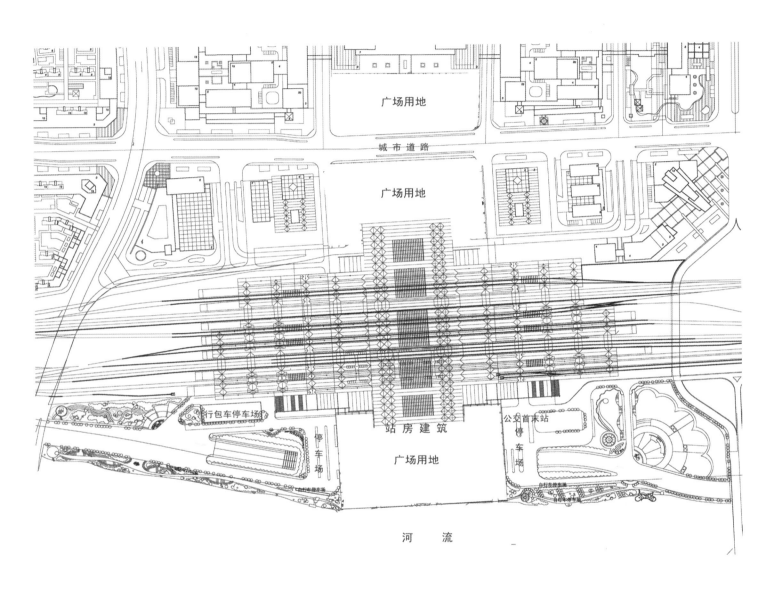

广场用地

城市道路

广场用地

行包车停车场

站房建筑

公交首末站

广场用地

河　流

图4-4-1　火车站站前广场现状条件图

延续城市文脉和肌理，重视开放空间和水系绿地的整合，塑造特色空间。

该区段内人流、物流量都很大，噪声污染严重，城市环境较差。因此，应统筹绿化规划布局，合理选择植物种类、种植方式，形成层次和内容丰富的绿化景观，凸显该市的地方特色和城市个性，同时改善地区生态环境。

广场设计强调以硬质景观为主，以方便人流的集散。

3. 确定设计目标

充分把握火车站改造所带来的发展契机，依托站前广场及滨水地区的建设，通过景观的塑造提升城市品位，展示良好的城市门户形象。

满足火车站进出旅客的集散、交往和休闲需求，形成高效率、风景优美、功能组织合理的广场空间。充分发挥交通枢纽、景观节点和绿色生态廊道的功能。

延续古城文脉，形成古今交融的门户性开敞空间。

4. 功能布局

由于用地面积大，根据相关规划和建筑性质，将设计区划分为三个功能板块，分别是景观广场区、交通广场区、休闲广场区。每个板块侧重功能有所不同。

景观广场区位于站房建筑南侧，是纯步行区域。南临环城河，与河对岸的历史城区遥遥相望，将其定位为展现城市景观特色和火车站风貌的区域。在西南端设置两处水上旅游码头，形成水上旅游接待服务中心。

车站客流主要来自北侧，因此站房建筑北侧的步行区域设置为交通广场区，未来将主要承担旅客集散功能。

休闲广场区位于交通广场区以北，周边多为商业办公建筑，结合周边建筑功能，为旅客及市民提供休闲的空间。

步行广场两侧为停车场区，主要为公交车、出租车、自行车、长途客车等提供车辆停放场所，便于人流的疏散。

其他绿化地带为休闲绿地，可满足旅客、游客的休闲游憩需要，同时兼顾美化环境和净化空气的功能（图4-4-2）。

5. 景观结构

景观结构形成"一纵两横、三主两次"的结构。

休闲广场内设置下沉广场，交通广场内设置旱喷，景观广场南端设置滨水展望台，形成三处主要景观节点。两侧休闲绿地人流汇集处形成次要景观节点。

纵向景观轴连接三处主要景观节点，形成本区的景观中心轴线。

结合水上码头、观景台以及次要节点，形成两条次要横向景观轴线，将景观广场和两侧绿地有机联系起来。

一纵两横三条轴线，将五处景观节点连接成景观系统（图4-4-3）。

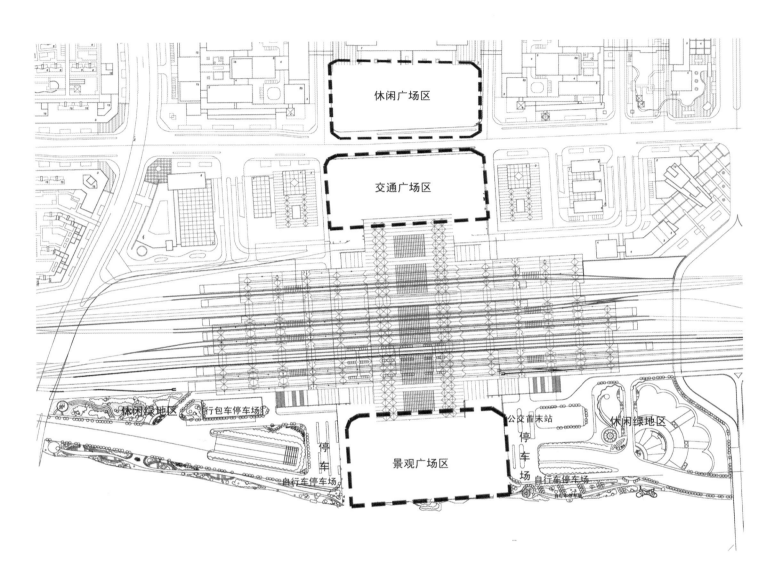

休闲广场区

交通广场区

休闲绿地区 行包车停车场

停车

景观广场区

公交首末站

休闲绿地区

停车场

自行车停车场

图4-4-2　火车站站前广场功能布局图

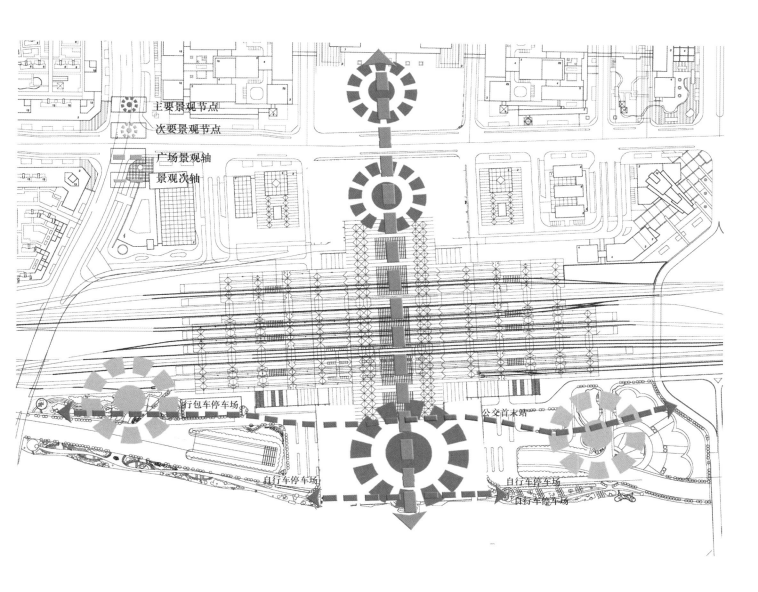

主要景观节点

次要景观节点

广场景观轴

景观次轴

行包车停车场

自行车停车场

公交首末站

自行车停车场

自行车停车场

图4-4-3　火车站站前广场结构图

6. 确定方案平面

（图4-4-4）

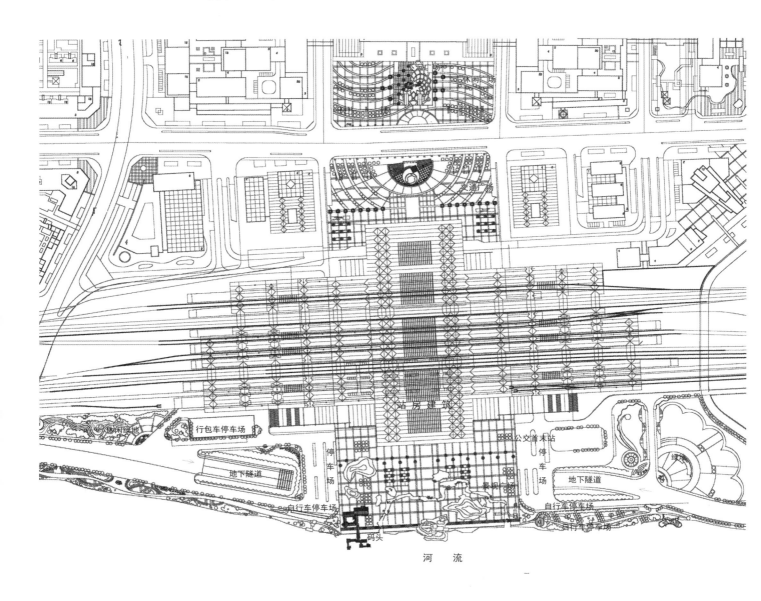

图4-4-4　火车站站前广场方案总图

7．详细设计

（1）景观广场详细设计

景观广场位于站房建筑与河流之间，功能以疏散人流、观景、游憩、休闲、展示城市风貌为主。详细设计注重对地域文化的传承，体现江南水乡意境。引河流之水到广场形成飘带水系，形成湖、河、水乡、丘陵的景观意境。

景观广场西南端设计水上码头，码头建筑为古典中式风格，采用回廊结构，配置中庭花园，沿着廊空间布置咨询、宣传、售票、管理、候船、休息等功能，廊建筑延续到河流上，形成栈桥（图4-4-5～图4-4-8）。

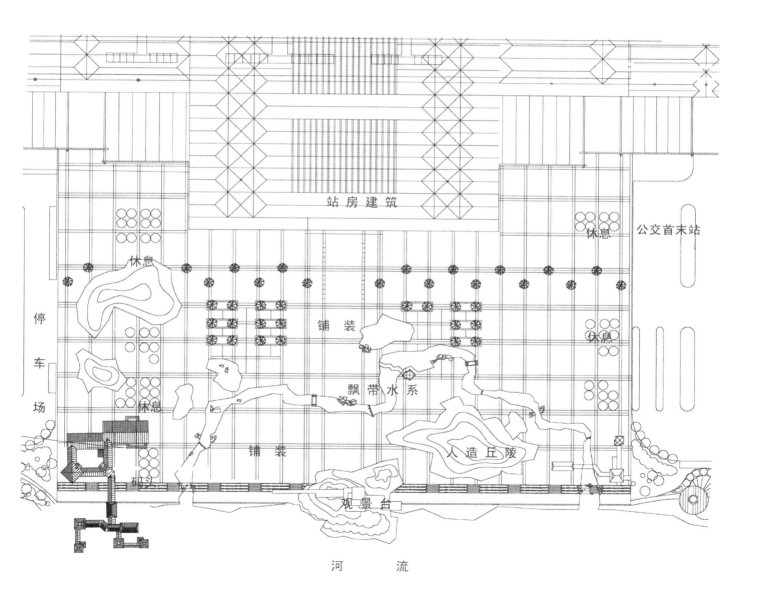

图4-4-5　景观广场方案图

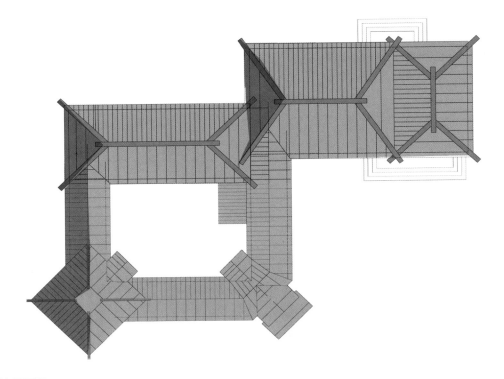

图4-4-6 码头建筑顶面图

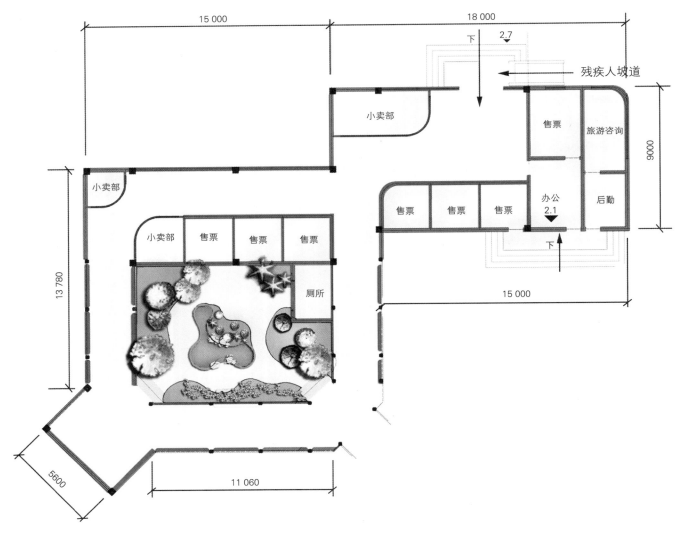

图4-4-7 码头建筑平面图

图4-4-8 景观广场鸟瞰图

（2）交通广场详细设计

本广场是人流进出火车站的主要场所，以硬质铺装为主。广场铺装以波浪形和几何形为主，草坪、灌木、乔木形成立面绿化效果。广场北端中央设置旱喷广场，其中间套一绿岛，作为景观节点（图4-4-9~图4-4-11）。

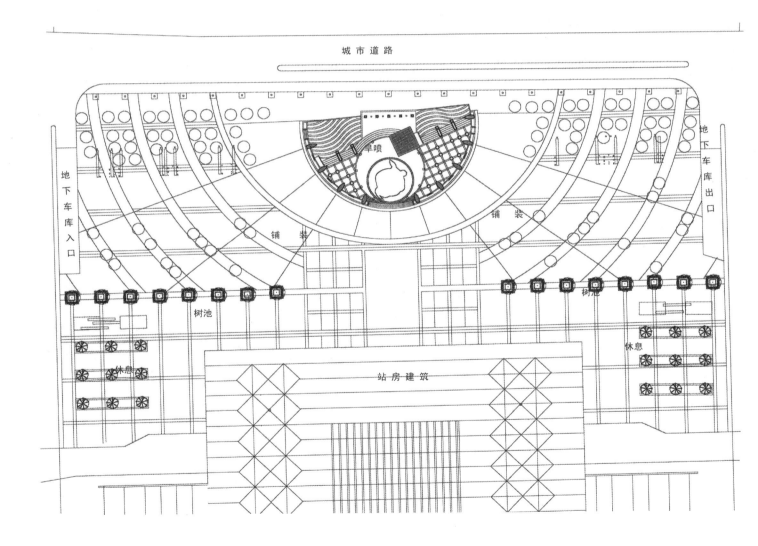

图4-4-9　交通广场详细设计图

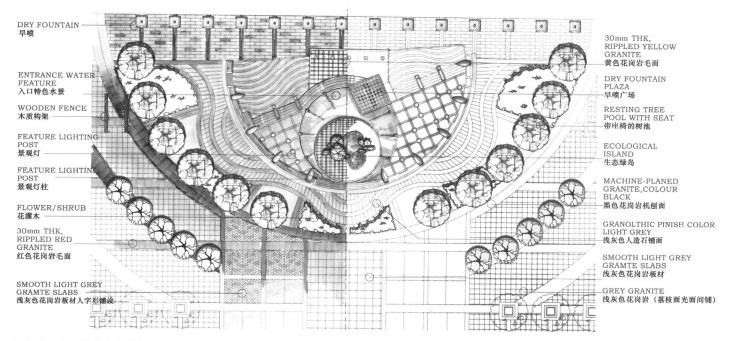

DRY FOUNTAIN
旱喷

ENTRANCE WATER
FEATURE
入口特色水景

WOODEN FENCE
木质构架

FEATURE LIGHTING
POST
景观灯

FEATURE LIGHTING
POST
景观灯柱

FLOWER/SHRUB
花灌木

30mm THK,
RIPPLED RED
GRANITE
红色花岗岩毛面

SMOOTH LIGHT GREY
GRAMTE SLABS
浅灰色花岗岩板材人字形铺设

30mm THK,
RIPPLED YELLOW
GRANITE
黄色花岗岩毛面

DRY FOUNTAIN
PLAZA
旱喷广场

RESTING TREE
POOL WITH SEAT
带座椅的树池

ECOLOGICAL
ISLAND
生态绿岛

MACHINE-PLANED
GRANITE,COLOUR
BLACK
黑色花岗岩机刨面

GRANOLTHIC PINISH COLOR
LIGHT GREY
浅灰色人造石铺面

SMOOTH LIGHT GREY
GRAMTE SLABS
浅灰色花岗岩板材

GREY GRANITE
浅灰色花岗岩（荔枝面光面间铺）

图4-4-10　旱喷广场详细设计图

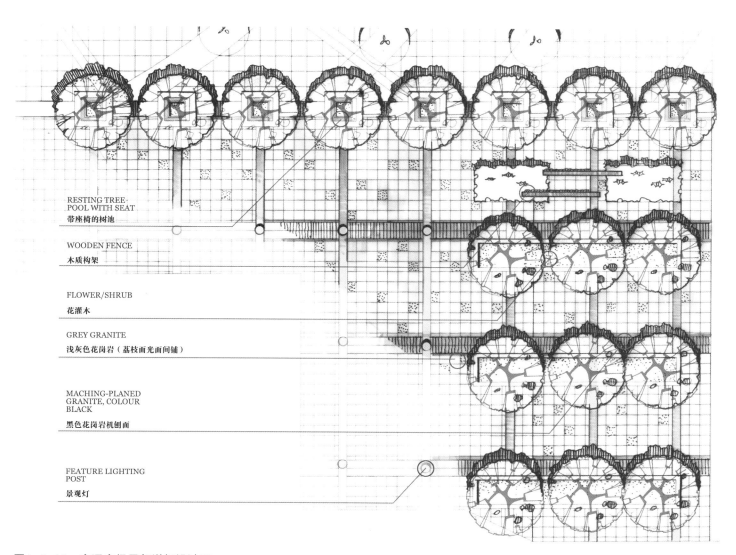

RESTING TREE
POOL WITH SEAT
带座椅的树池

WOODEN FENCE
木质构架

FLOWER/SHRUB
花灌木

GREY GRANITE
浅灰色花岗岩（荔枝面光面间铺）

MACHING-PLANED
GRANITE, COLOUR
BLACK
黑色花岗岩机刨面

FEATURE LIGHTING
POST
景观灯

图4-4-11　交通广场局部详细设计图

（3）休闲广场详细设计

休闲广场主要为周边商厦内工作人员、市民、旅客提供休闲、交流空间。广场地面以下为地下商业设施，因此设置下沉广场作为地下、地面人流交点。本广场由景观广场比较浓郁的地域文化风格过渡到现代风格，注重现代元素的利用（图4-4-12~图4-4-15）。

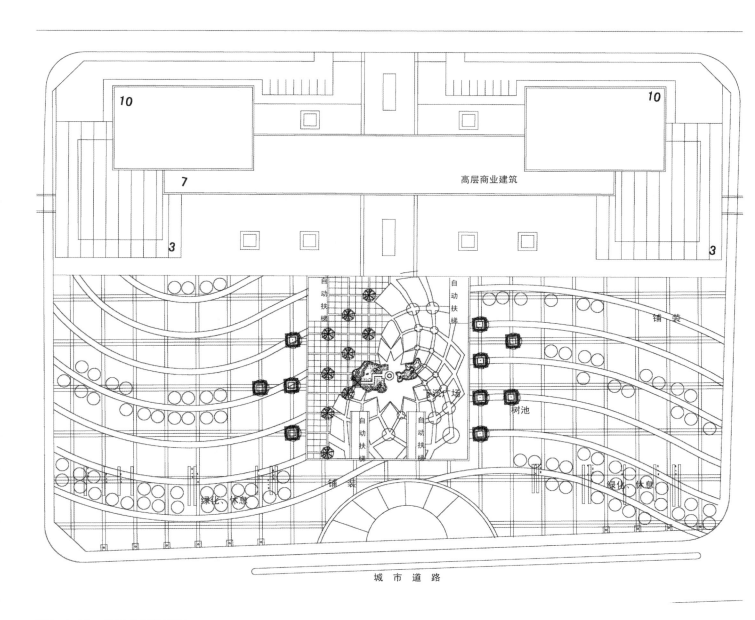

图4-4-12 休闲广场设计图

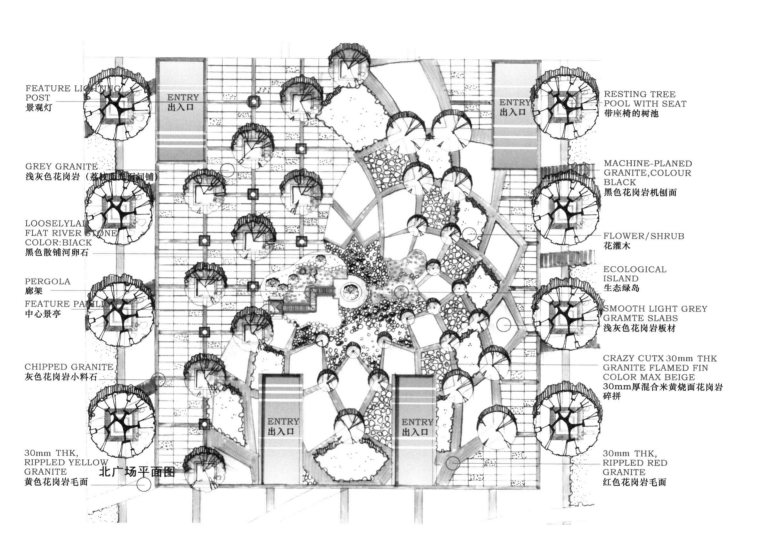

FEATURE LIGHTING POST
景观灯

GREY GRANITE
浅灰色花岗岩（荔枝面与烧面间铺）

LOOSELYLAID FLAT RIVER STONE COLOR:BIACK
黑色散铺河卵石

PERGOLA
廊架
FEATURE PAVILION
中心景亭

CHIPPED GRANITE
灰色花岗岩小料石

30mm THK, RIPPLED YELLOW GRANITE
黄色花岗岩毛面

ENTRY
出入口

ENTRY
出入口

ENTRY
出入口

ENTRY
出入口

北广场平面图

RESTING TREE POOL WITH SEAT
带座椅的树池

MACHINE-PLANED GRANITE,COLOUR BLACK
黑色花岗岩机刨面

FLOWER/SHRUB
花灌木

ECOLOGICAL ISLAND
生态绿岛

SMOOTH LIGHT GREY GRAMTE SLABS
浅灰色花岗岩板材

CRAZY CUTX 30mm THK GRANITE FLAMED FIN COLOR MAX BEIGE
30mm厚混合米黄烧面花岗岩碎拼

30mm THK, RIPPLED RED GRANITE
红色花岗岩毛面

图4-4-13　下沉广场详细设计图

图4-4-14　交通广场鸟瞰图

图4-4-15　火车站广场全体鸟瞰图

三、其他案例

（图4-4-16~图4-4-30）

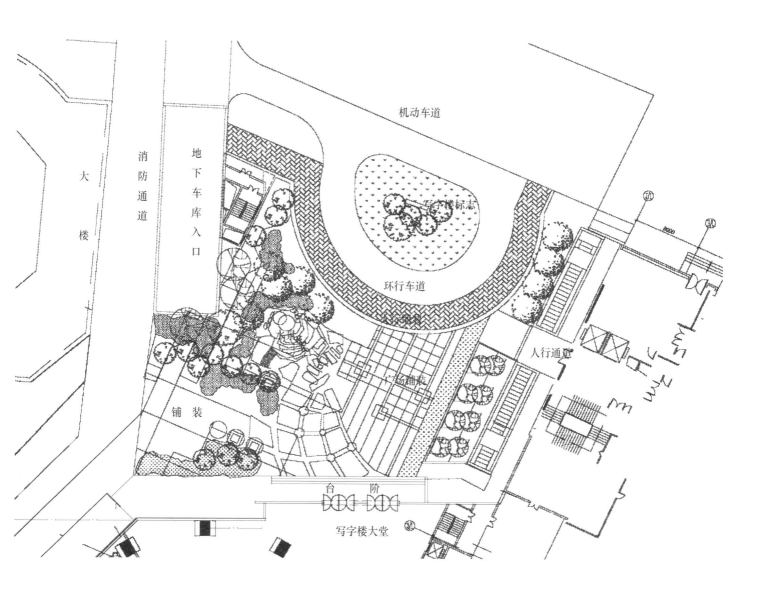

图4-4-16　南京新街口写字楼前广场设计

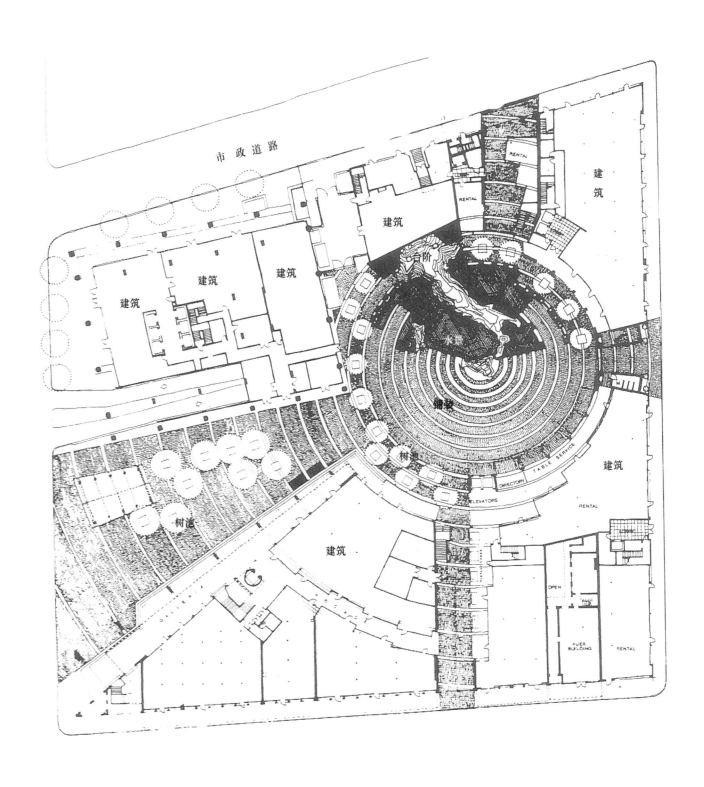

图4-4-17 美国新奥尔良市意大利广场设计

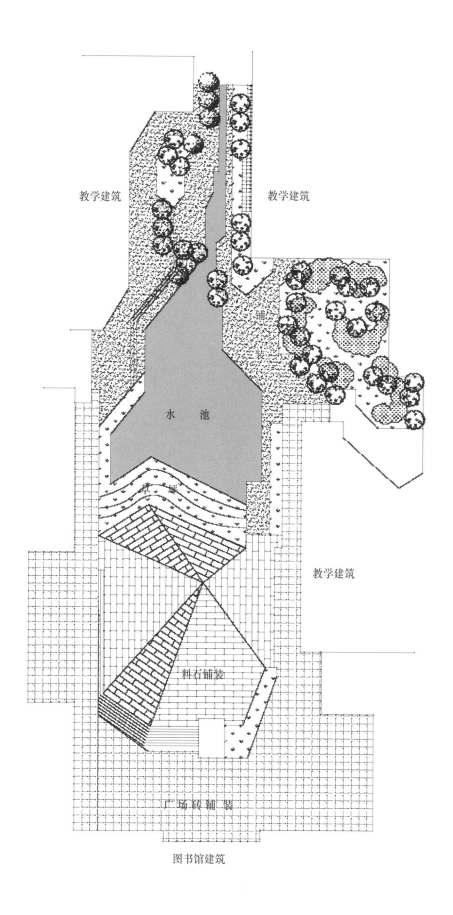

教学建筑

教学建筑

铺
装

水　池

草坪

教学建筑

粒石铺装

广场砖铺装

图书馆建筑

图4-4-18　筑波大学中心广场设计

总统府

长江路

±0.00

−2.00

0.10

1

南京图书馆

1.60

2 1.10

0.60

3

2.00

2

4

江苏省美术馆

3.00

5

6

6

中央饭店

5

0.85

0.10

1.照壁
2.跌水池
3.景墙
4.雕塑
5.廊架
6.树池座椅

图4-4-19　学生作业1　DXG市民广场设计

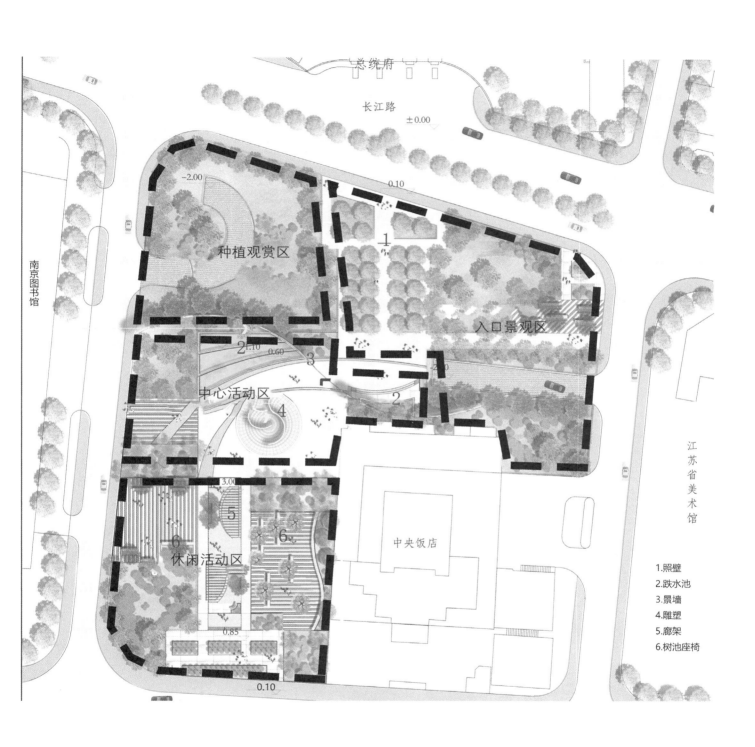

総統府

長江路

±0.00

-2.00

0.10

种植观赏区

1

入口景观区

2.10　0.60

3

中心活动区

2

4

南京图书馆

江苏省美术馆

3.00

5

6

6

休闲活动区

中央饭店

0.85

0.10

1.照壁
2.跌水池
3.景墙
4.雕塑
5.廊架
6.树池座椅

图4-4-20　学生作业1　DXG市民广场设计功能分区图

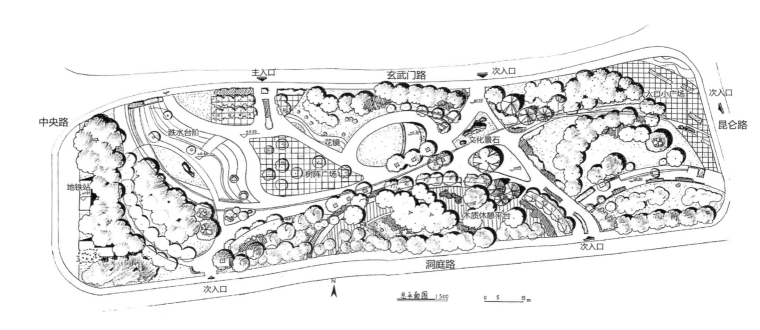

图4-4-21 学生作业2 某城市广场设计

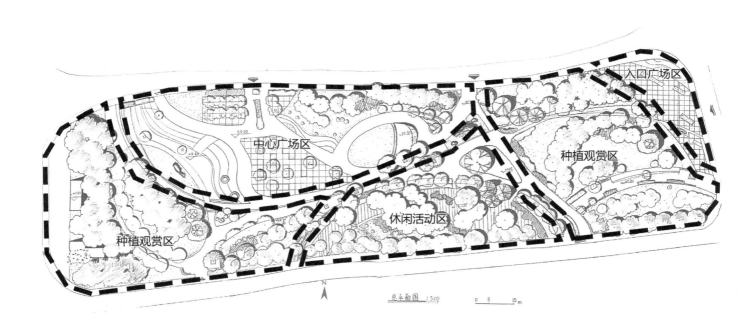

图4-4-22 学生作业2 某城市广场设计功能分区图

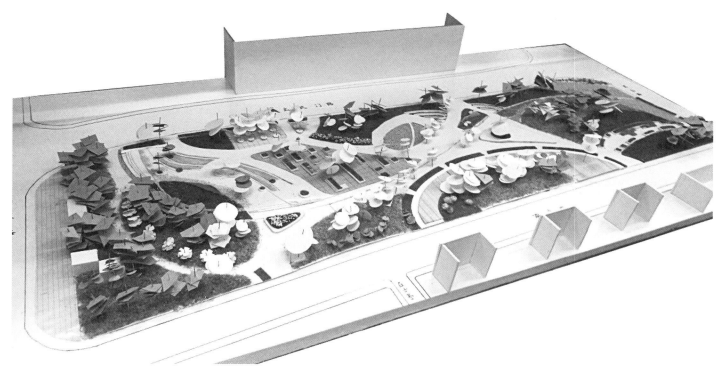

图4-4-23 学生作业2 某城市广场设计模型

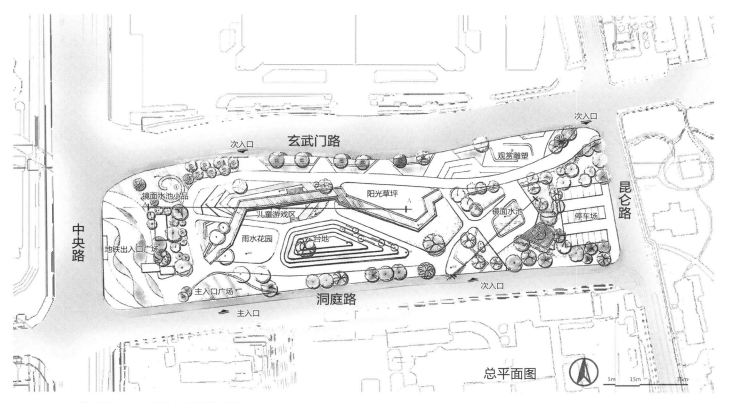

图4-4-24 学生作业3 某城市广场设计图

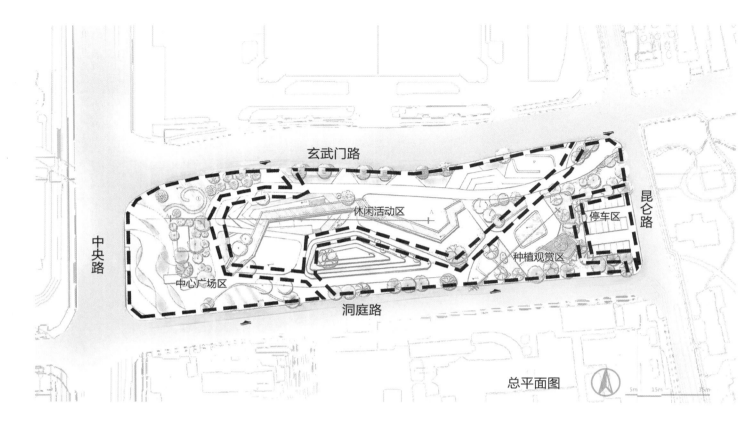

玄武门路

昆仑路

中央路

休闲活动区

停车区

种植观赏区

中心广场区

洞庭路

总平面图

5m 15m 35m

图4-4-25　学生作业3　某城市广场设计功能分区图

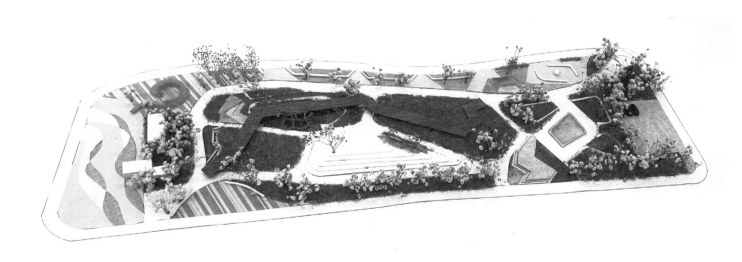

图4-4-26　学生作业3　某城市广场设计模型

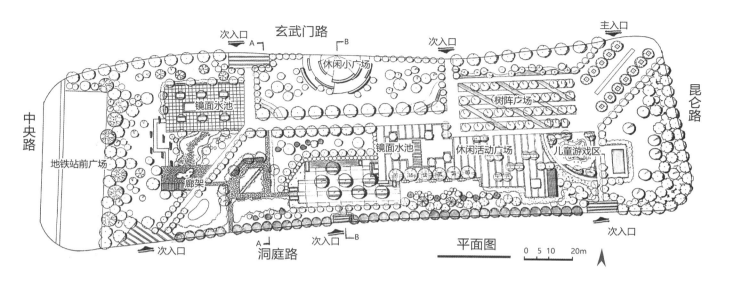

图4-4-27 学生作业4 某城市广场设计

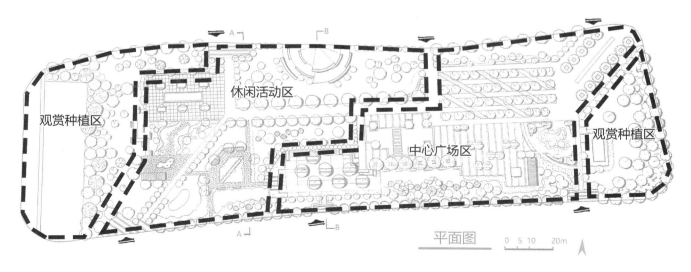

图4-4-28 学生作业4 某城市广场设计功能分区图

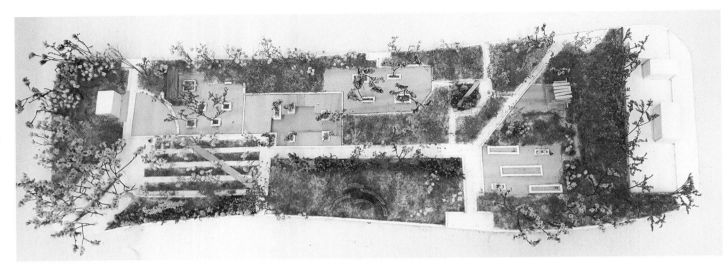

图4-4-29 学生作业4 某城市广场设计模型

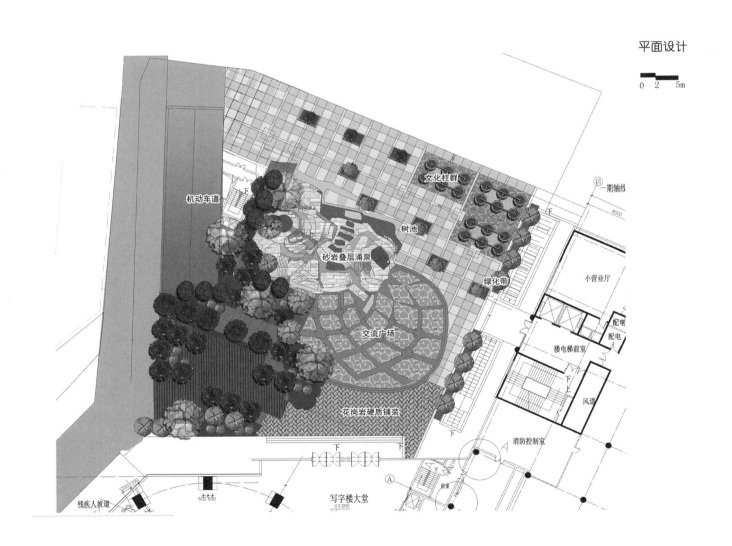

平面设计

0 2 5m

机动车道

文化柱群

树池

砂岩叠层涌泉

绿化带

交流广场

花岗岩硬质铺装

残疾人坡道

写字楼大堂
±0.000

小营业厅

配电

楼电梯前室

风道

消防控制室

一期轴线

图4-4-30 XB广场设计

第五节　办公环境设计

一、概要

不仅居住环境需要好的景观，办公环境也越来越重视景观设计。对于企业、政府机关、社团机构来说，办公环境的品质不仅影响到其工作效率，甚至关系到品牌和人文形象。对于大公司，或者注重品牌效应的公司，会委托设计师对其办公环境进行设计，作为体现企业价值和形象的重要手段。

办公环境一般依附于主体办公建筑，形成建筑外部空间；也有的位于建筑内部，形成中庭；或者位于建筑屋顶之上，形成屋顶花园。

办公环境设计的功能主要有：

（1）迎宾；

（2）内部员工交流、交谈；

（3）提升企业、政府机关、社团机构的人文形象；

（4）展示品牌；

（5）增强凝聚力，提高工作效率。

二、典型案例设计过程

1. 调查

本案例为某台资电子企业的环境设计，该企业主要研究、生产太阳能板和电子开关。其厂房附带一块土地，总面积4500m²。该地块基本呈不规则矩形，中间为一座大消防水池，池深近3m，池面积近3000m²。池北侧为传统风格中式建筑，南侧有一座曲桥，连接一座2层太阳能板屋。水池四周有一定的绿化（图4-5-1）。

经过与委托方交谈，确定环境设计的基本要求如下。

（1）保留消防水池，蓄水量不得变更。驳岸需作一定的改造，搭建木甲板廊道、钓鱼台，使其具备休闲观景功能，同时保持原来的消防用水功能。

（2）对绿化进行重新整治，具备一定的健身功能。

（3）太阳能板屋改造为临水别墅，原有太阳能利用转化展示功能需保留，改造曲桥，使其成为休闲中心。

（4）内部不设置停车位，全部为步行。

2. 确定功能分区

以消防水池为中心，北端结合原有中式建筑，建造亲水码头和临水茶室，消防水池西、北岸建造观景游廊，形成亲水休闲区。

消防水池东侧在原有绿化基础上，改造成体育健身区。

消防水池东侧地形有所起伏，多种植常绿、色叶植被，形成植被观赏区。

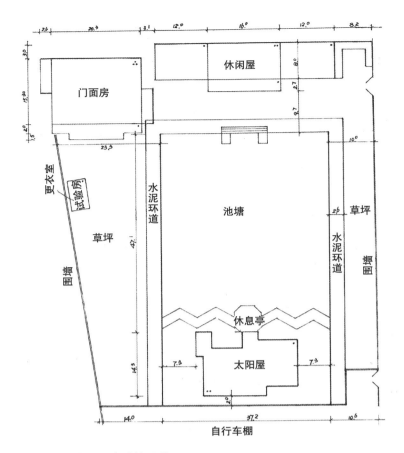

图4-5-1　企业环境地块现状图

北侧为原有建筑区，进行适当翻新。

南侧为新建建筑区，建造一座亲水别墅及卫生间（图4-5-2）。

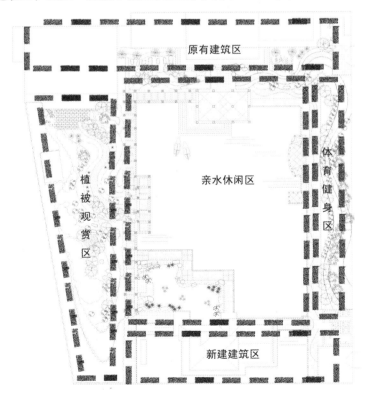

图4-5-2　企业环境设计功能分区图

3. 确定方案平面

（图4-5-3）

图4-5-3 企业环境设计平面图

4．详细设计

（图4-5-4~图4-5-8）

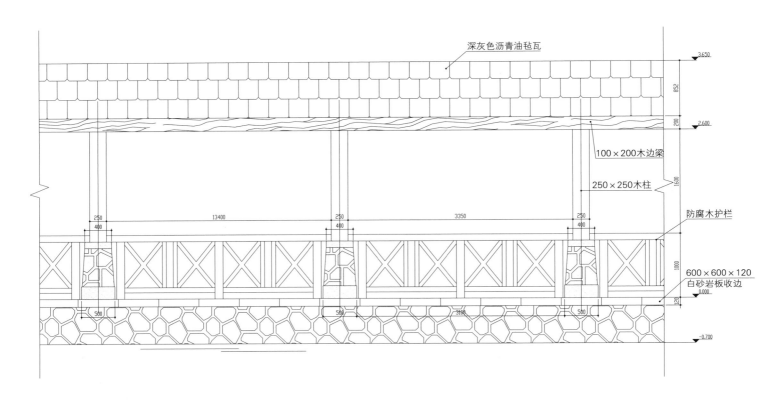

深灰色沥青油毡瓦

100×200木边梁

250×250木柱

防腐木护栏

600×600×120
白砂岩板收边

图4-5-4 观景游廊立面图

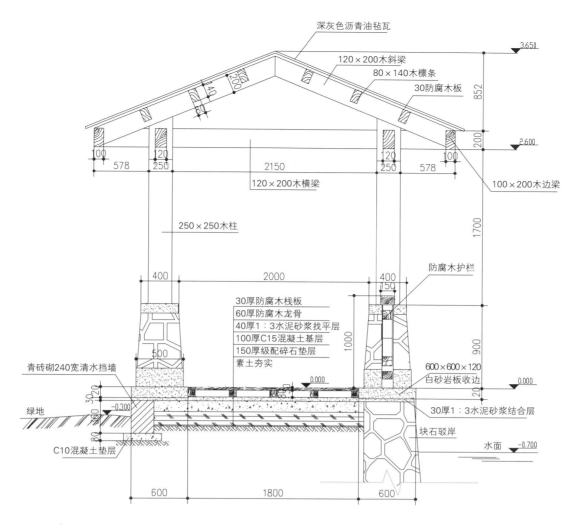

深灰色沥青油毡瓦
120×200木斜梁
80×140木檩条
30防腐木板
3.650
852
200
2.600
100×200木边梁
120×200木横梁
2150
578 250 250 578
100 120 120 100
1700
250×250木柱
防腐木护栏
400 2000 400
150
30厚防腐木栈板
60厚防腐木龙骨
40厚1：3水泥砂浆找平层
100厚C15混凝土基层
150厚级配碎石垫层
素土夯实
900
1000
600×600×120
白砂岩板收边
0.000
青砖砌240宽清水挡墙
30厚1：3水泥砂浆结合层
块石驳岸
绿地
0.000
20
-0.300
30 20
80
C10混凝土垫层
水面 -0.700
600 1800 600

图4-5-5 观景游廊剖面图

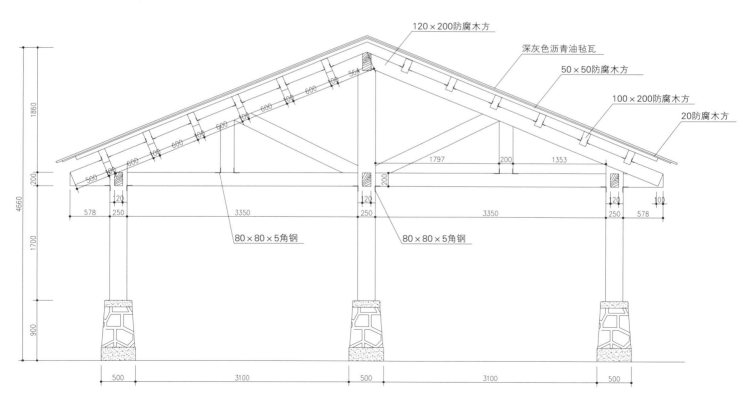

120×200防腐木方
深灰色沥青油毡瓦
50×50防腐木方
100×200防腐木方
20防腐木方
1860
600
600
600
600
600
600
560
200
1797 200 1353
200
4660
500
120 120 250 120 100
578 250 3350 250 3350 250 578
1700
80×80×5角钢
80×80×5角钢
900
500 3100 500 3100 500

图4-5-6 茶室剖面图

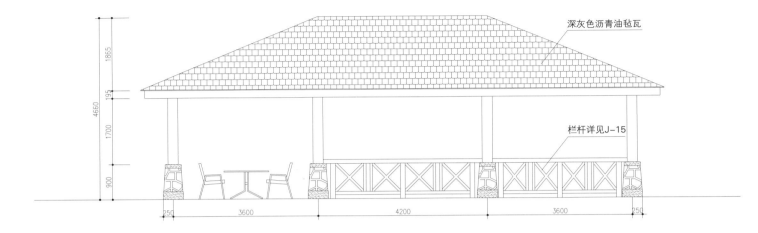

深灰色沥青油毡瓦

栏杆详见J-15

图4-5-7　茶室正立面图

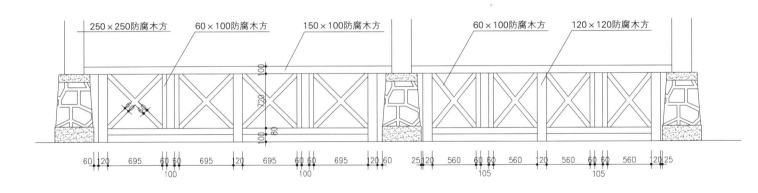

250×250防腐木方　　60×100防腐木方　　150×100防腐木方　　60×100防腐木方　　120×120防腐木方

图4-5-8　临水栏杆立面图

三、其他案例

（图4-5-9～图4-5-11）

图4-5-9 南非难民局环境设计方案

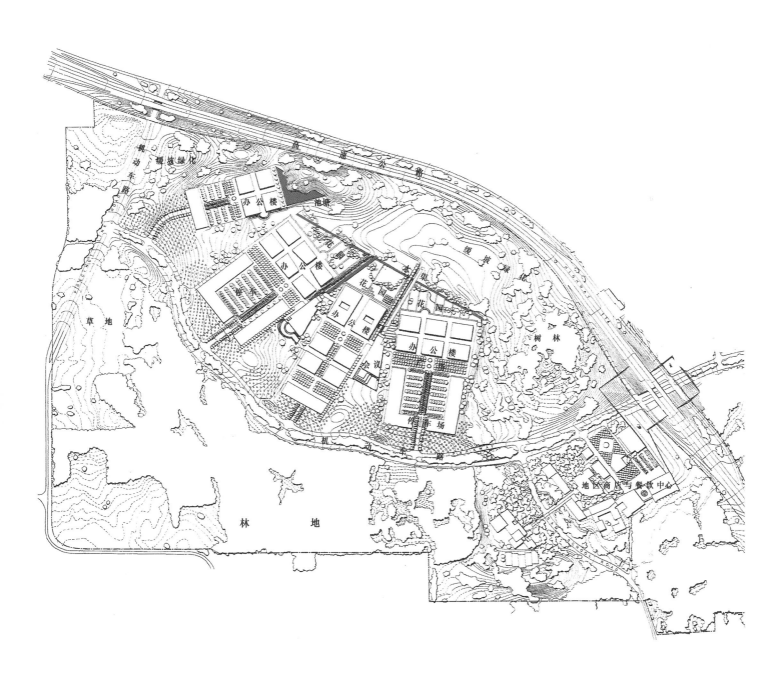

图4-5-10　IBM索拉那办公区环境设计

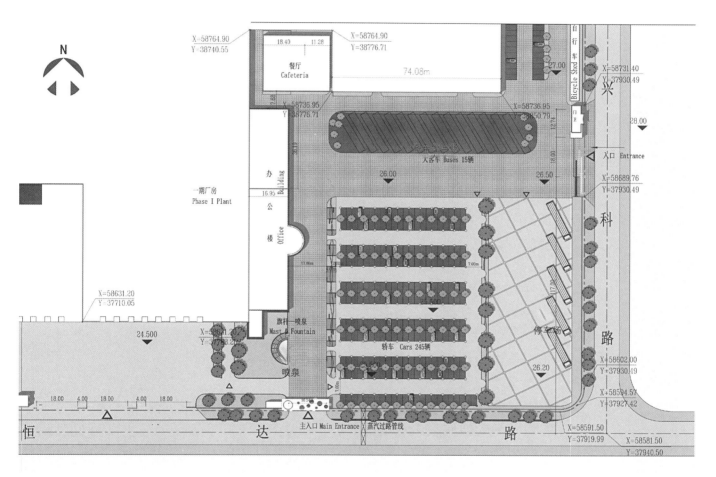

图4-5-11 某工厂办公环境设计

第六节　社区公园

一、概要

社区公园是紧靠居住区、面向周边居民服务的公园。社区公园是居民进行日常休闲散步、娱乐、交往、体育运动的公共场所，同时能够有效提升居住环境品质，在灾害来临时，社区公园还是主要的室外避难地。

由于居民需求的多样性，社区公园的功能比较复杂，一般包括运动、休闲、休息、厕所、儿童游乐，停车、环保等功能。基本设施有儿童游戏设施、户外体育运动设施、座椅、环卫设施、救灾器具仓库等。

二、典型案例设计过程

1. 调查

本案例为日本东京某社区公园。该公园基地呈三角形，西侧与南侧为已经建造好的住宅楼，东北侧为城市道路，基地右端有一条高压线走廊，从北向南贯通基地。基地地形平坦，无建筑物（图4-6-1）。

2. 确定功能

社区公园主要针对周边居民服务，应达到以下功能：

（1）提供儿童游戏场所；

（2）提供仓库，以储存防灾减灾设备物资；

（3）设置厕所；

（4）人的活动远离高压线区域；

（5）提供交流、休息、活动的场所。

3. 确定功能分区

根据周边状况，规划五个功能区：儿童活动区、建筑区、绿化休闲活动区、隔离区、交流休憩区。

儿童活动区在基地北端，紧靠建筑区和住宅，有利于家长看护。

建筑区在中部偏北，提供管理、仓库储存、更衣、厕所功能。

绿化休闲活动区位于基地西南部分，面积最大，与西侧和南侧住宅楼视线通畅。其主体为大草坪，周边乔灌木绿色植被环绕。

隔离区在高压线走廊下方，确保人的活动远离高压线。

东侧环境相对比较幽静私密，布置交流休憩区（图4-6-2）。

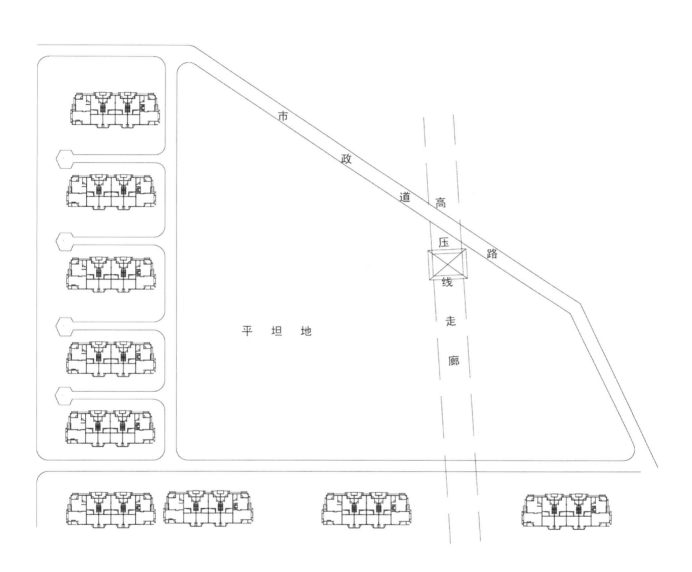

市 政 道 高 路

压
线
走
廊

平 坦 地

图4-6-1　现状图

儿童活动区

建筑区

绿化休闲活动区

隔离区

交流休憩区

图4-6-2　功能分区图

4. 确定方案

（图4-6-3）

图4-6-3 设计平面图

三、其他案例

（图4-6-4~图4-6-17）

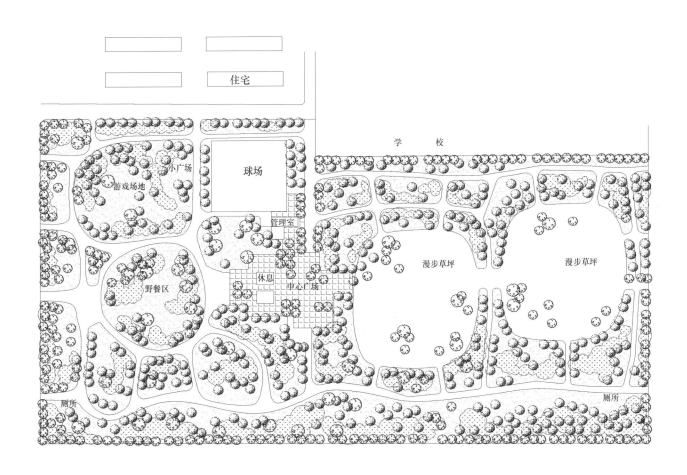

住宅

学　校

小广场

球场

游戏场地

管理室

野餐区

休息

中心广场

漫步草坪

漫步草坪

厕所

厕所

图4-6-4　村山社区公园方案图

通州市中医院高压氧厂

微地形草坡

休闲草坪

景观休息廊

艺术花境

条石座凳

图4-6-5 通州某社区公园设计

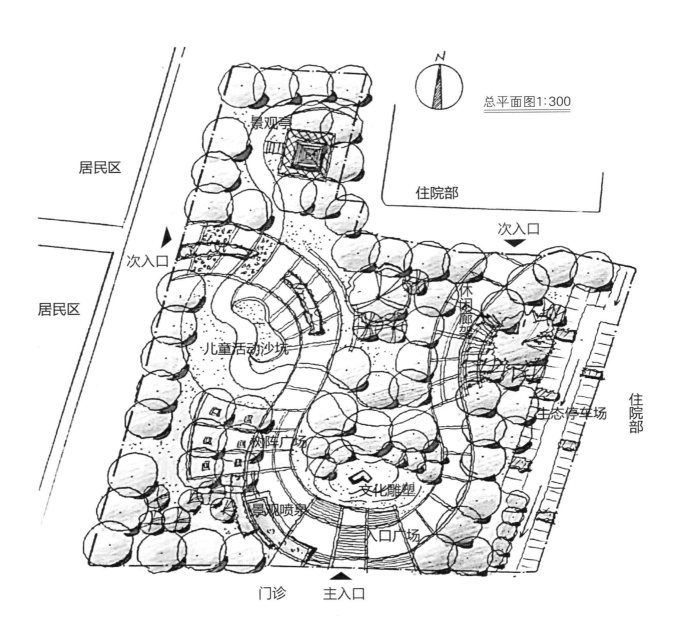

景观亭

住院部

次入口

居民区

次入口

休闲廊

居民区

儿童活动沙坑

生态停车场

住院部

阵阵广场

文化雕塑

景观喷泉

入口广场

门诊　　主入口

总平面图1:300

图4-6-6　学生作业1　某社区公园设计

总平面图1:300

植物种植区

娱乐活动区

生态停车区

入口景观区

图4-6-7 学生作业1 某社区公园功能分区图

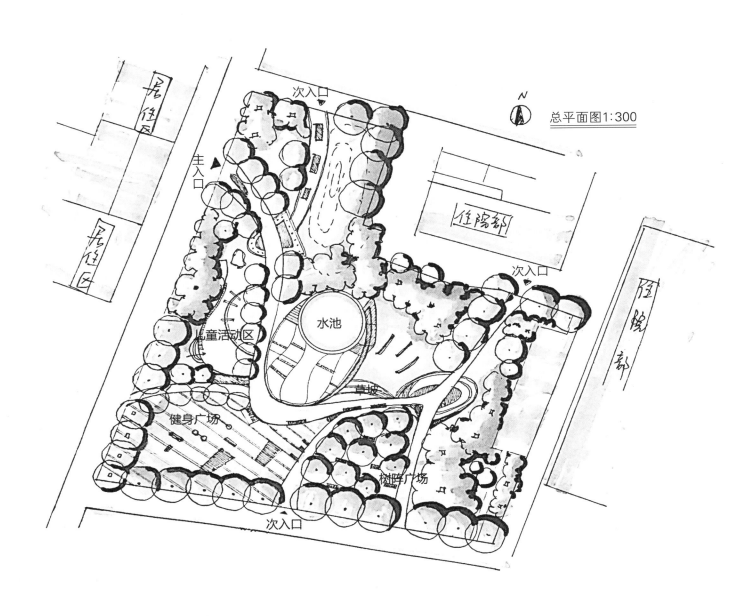

次入口

主入口

居住区

居住区

住院部

次入口

住院部

儿童活动区

水池

草坡

健身广场

树阵广场

次入口

N

总平面图1:300

图4-6-8　学生作业2　某社区公园设计

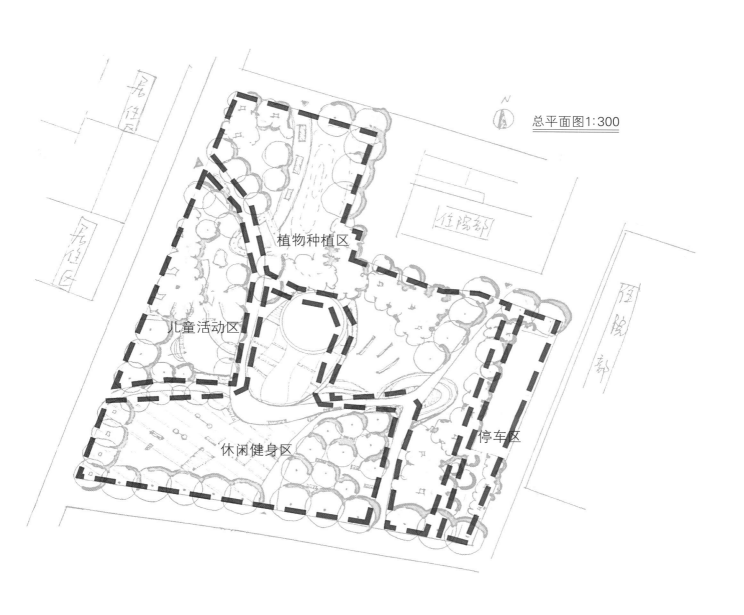

总平面图1:300

植物种植区

儿童活动区

休闲健身区

停车区

图4-6-9 学生作业2 某社区公园功能分区图

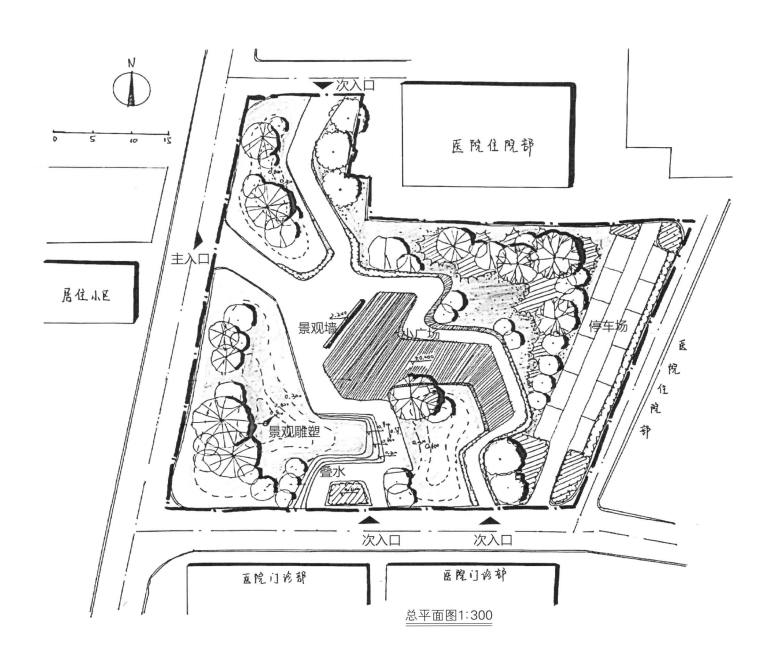

图4-6-10 学生作业3 某社区公园设计

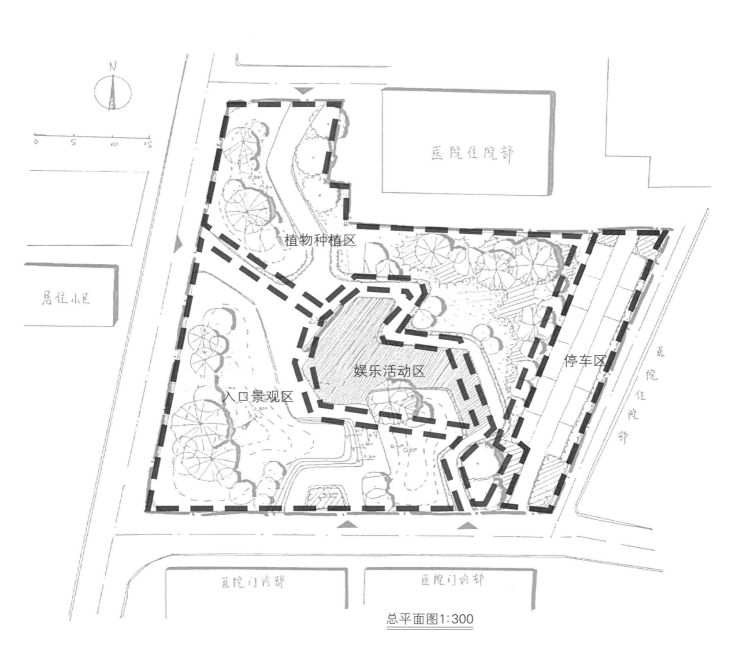

N

0 5 10 15

居住小区

医院住院部

植物种植区

入口景观区

娱乐活动区

停车区

医院住院部

医院门诊部   医院门诊部

总平面图1:300

图4-6-11　学生作业3　某社区公园功能分区图

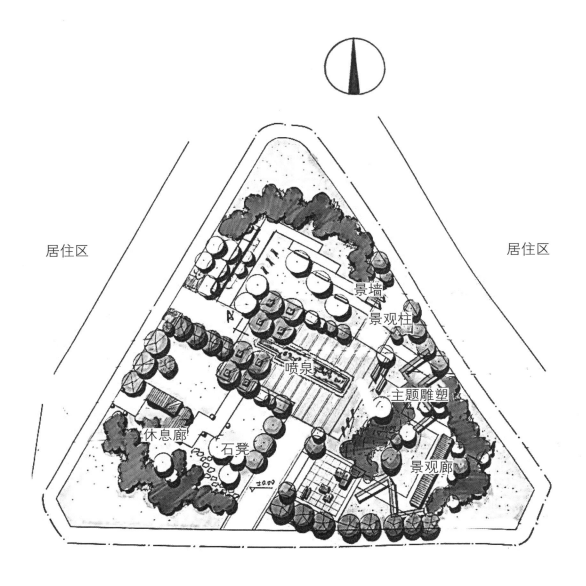

居住区

居住区

景墙
景观柱
喷泉
主题雕塑
休息廊
石凳
景观廊

总平面图1:200

图4-6-12　学生作业4　某社区公园设计

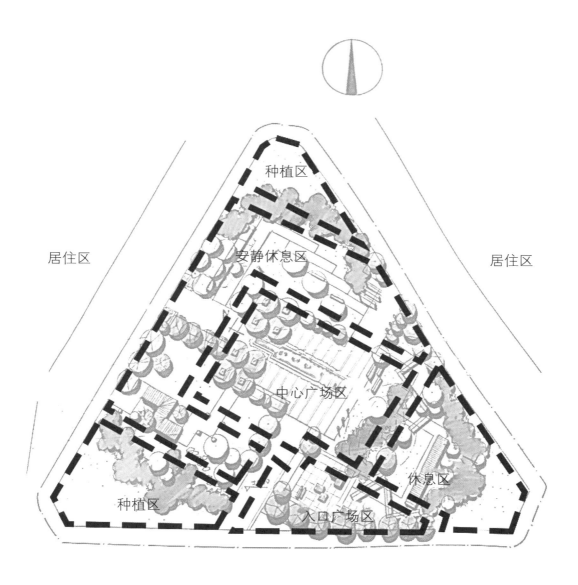

种植区

居住区

安静休息区

居住区

中心广场区

休息区

种植区

入口广场区

总平面图1:200

图4-6-13 学生作业4 某社区公园功能分区图

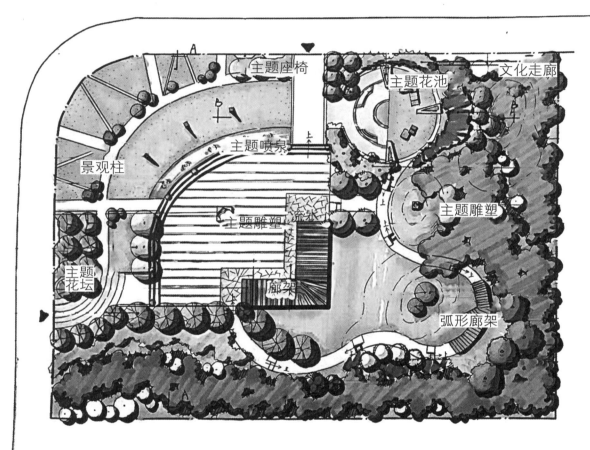

主题座椅　主题花池　文化走廊

景观柱　　主题喷泉

主题花坛　主题雕塑　流水　主题雕塑

廊架　弧形廊架

总平面图1:200

图4-6-14　学生作业5　某社区公园设计

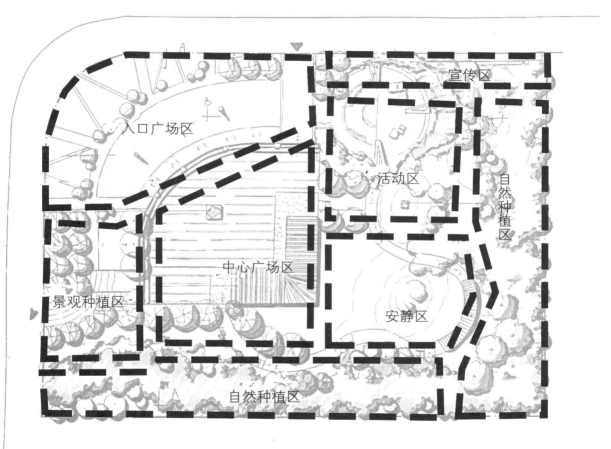

入口广场区

宣传区

活动区

自然种植区

中心广场区

景观种植区

安静区

自然种植区

总平面图1:200

图4-6-15　学生作业5　某社区公园功能分区图

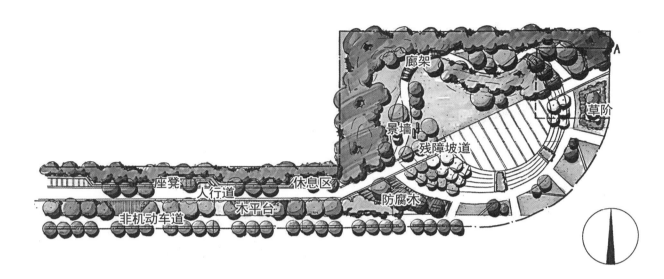

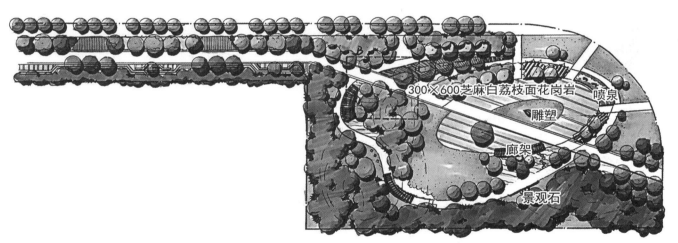

总平面图1:400

图4-6-16　学生作业6　某社区公园设计

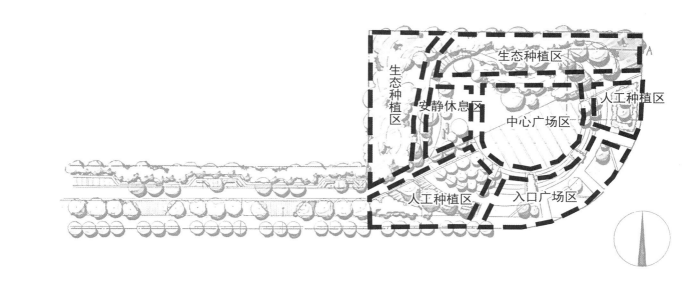

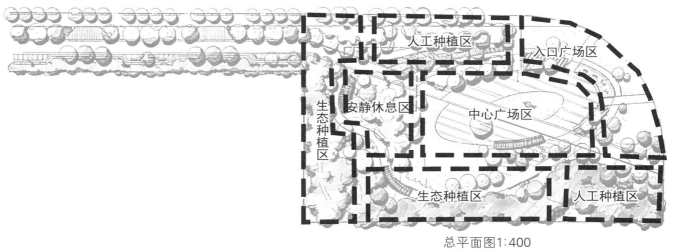

总平面图1:400

图4-6-17　学生作业6　某社区公园功能分区图

第七节　体育运动公园

一、概要

体育运动公园面向周围居民和其他使用者，提供体育运动的场所和设施。与一般性体育场馆相比，体育运动公园将体育设施与公园景观融合在一起，可以更好地达到放松身心、健身锻炼的目的。除了竞技性运动以外，体育运动公园更多地提供日常健身活动场所和器械。由于现代社会人们工作压力大，越来越注重日常健身锻炼，因此，体育运动公园的需求越来越强。随着使用者的增加，需要配套餐饮、娱乐、停车等功能。

体育运动公园一般设置在人流容易到达的地方，一般包括户外体育运动场、体育馆、草坪绿化、休息区、停车场、管理区等。运动设施面积一般不应超过总面积的一半。

体育运动公园的功能为：

（1）提供日常运动健身场地；

（2）组织体育运动比赛；

（3）散步、休闲、娱乐；

（4）餐饮、交流。

二、典型案例设计过程

1. 调查

本案例为某特大城市体育运动公园。该公园位于山坡脚下，西侧、南侧为山林绿化保护区，北侧与东侧均为住宅区。公园基地比较平缓，南高北低。基地土质良好，适宜植被。无明显地质缺陷，可以建造大型场馆（图4-7-1）。

经过调查，确定该体育运动公园应提供以下功能：

（1）户外标准田径场，可供比赛使用；

（2）周边居民散步、休闲、日常健身；

（3）球类运动场地、垒球活动场；

（4）游泳运动场地；

（5）儿童活动场地；

（6）室内标准球场。

2. 功能分区

根据地形条件和不同运动场所的特点，确定功能分区。共划分为入口区、儿童活动区、场馆区、水泳区、球类运动区、广场区、田径区、垒球活动区、休闲散步区、绿化区共10个区。

由于人流主要从北侧、东侧而来，故入口区设置在东北端，分步行入口和车行入口，车行入口一侧设置停车场。

儿童活动区设置在东北端，紧靠住宅区，方便居民日常使用和照看儿童。

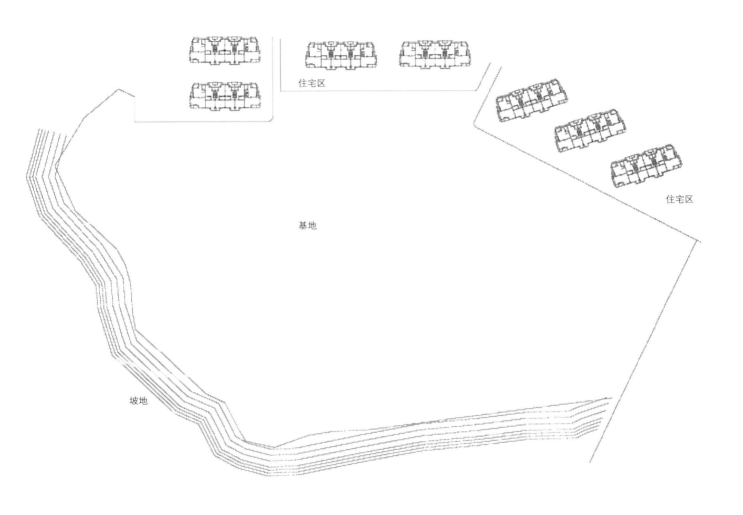

住宅区

基地

住宅区

坡地

图4-7-1　运动公园基地条件图

场馆区设置在中部偏北,地形最为平坦,紧靠公园出入口,便于大规模人流、车流疏散。场馆区内兼顾公园管理功能。

球类运动区和水泳区布置在北侧,紧靠住宅区和场馆区,方便居民进行日常健身运动,同时也可举行专业赛事。

基地东侧、入口区南面布置休闲散步区,设置林地、草坪、休息椅,该区紧靠东部住宅区,作为居民日常散步休息场所。

田径区和垒球活动区在进行比赛时会有一定的噪声,对周边居民有干扰,因此布置在远离住宅的位置。田径区占地面积较大,布置在中部偏西,使用者相对较少。垒球作为专业性较强的群体球类活动,活动区占地面积较大,布置在田径区与休闲散步区之间。

广场区布置在基地的中间,是周边各个体育活动场地的联系节点。

西侧、南侧布置绿化区,形成林带,与山林绿化保护区连为一体(图4-7-2)。

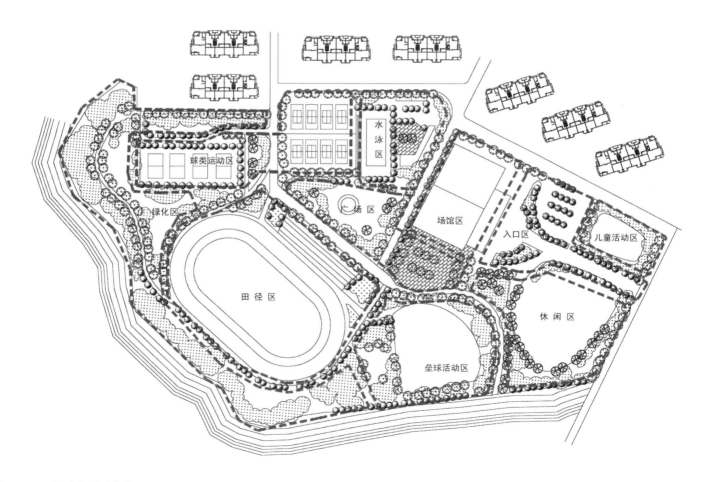

图4-7-2 运动公园功能分区图

3. 确定方案

（图4-7-3）

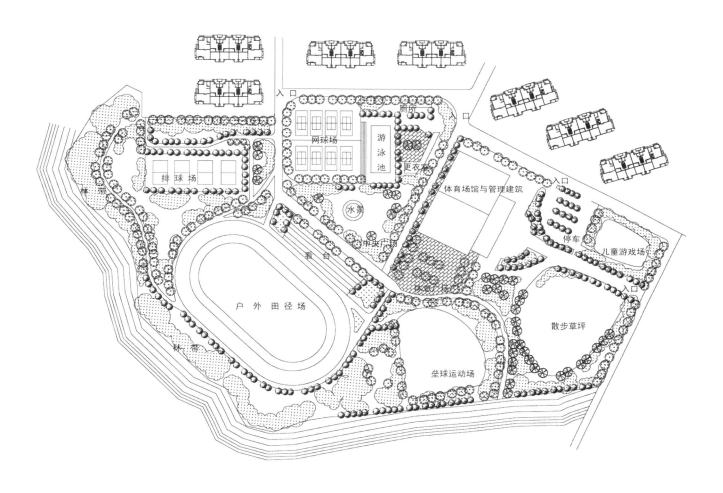

图4-7-3　运动公园方案图

三、其他案例

（图4-7-4、图4-7-5）

图4-7-4　日本明治神宫外苑

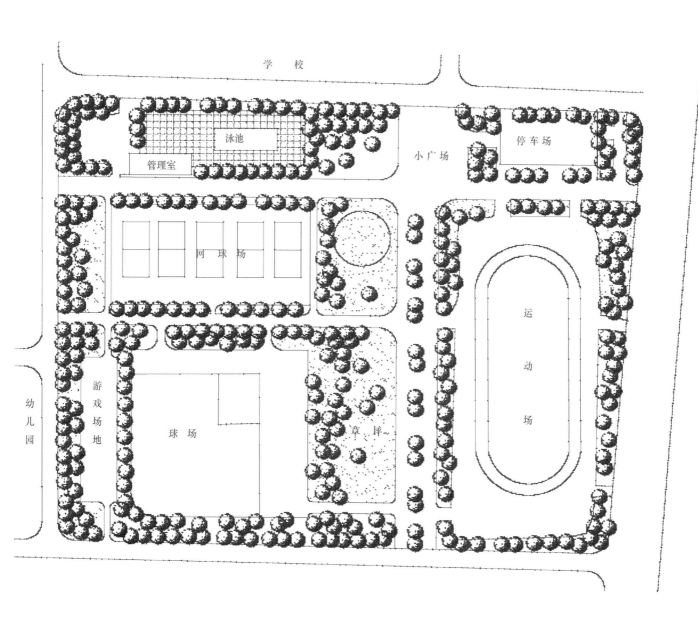

图4-7-5 赤冢运动公园

四、相关数据

（表4-7-1、表4-7-2）

表4-7-1 运动场地面积

运动场地名称	占地面积（m²）	运动场地名称	占地面积（m²）
400m田径场	18 000~22 000	18洞高尔夫球场	500 000~800 000
300m田径场	13 000~14 000	9洞高尔夫球场	250 000~400 000
200m田径场	8000	高尔夫练习场	20 000~25 000
足球场	8000~13 000	手球场	6500~9000
50m泳道的游泳场	1800~2200	棒球场	12 000~15 000
25m泳道的游泳场	800~1000	网球场	700~900
水球场	500~600	速度滑冰场	13 000~14 000
体育馆	600~2500	自由滑冰场	1000~3500
射箭场（射程27.5m）	400~700	篮球场	600~700
纯马术比赛场	10 000~16 000	排球场	450~600
综合马术场	45 000~50 000	羽毛球场	180~250

表4-7-2 体育场规格

级别	设施	数量	面积（m²，含观众席和配套设施面积）	观众人数（人）
特级	田径场	1	70 000	100 000
	中央广场	1	130 000	70 000
	足球场	1	33 000	20 000
	曲棍球场	1	10 000	3000
	棒球场	1	50 000	70 000
	网球场	11	12 000	3000
	篮球场	7	6000	3000
	排球场	8	6000	3000
	游泳场	1	10 000	17 000
	体育馆	1	30 000	10 000
	户外舞台	1	13 000	20 000
	其他（停车场、道路、绿地、池塘等）		950 000	

级别	设施	数量	面积（m²，含观众席和配套设施面积）	观众人数（人）
1级	田径场	1	33 000	50 000
	中央广场	1	70 000	
	足球场	1	33 000	20 000
	曲棍球场	1	10 000	3000
	棒球场	1	50 000	50 000
	网球场	10	10 000	3000
	篮球场	3	2500	3000
	排球场	3	2500	3000
	游泳场	1	10 000	15 000
	体育馆	1	10 000	
	其他（停车场、道路、绿地、池塘等）		430 000	
2级	田径场	1	27 000	20 000
	中央广场	1	30 000	
	足球场	1	30 000	5000
	棒球场	1	27 000	15 000
	网球场	6	6000	3500
	篮球场	3	2500	2000
	排球场	3	2500	2000
	游泳场	1	3300	5000
	体育馆	1	3300	
	其他（停车场、道路、绿地、池塘等）		195 000	
3级	田径场	1	27 000	20 000
	足球场	1	30 000	5000
	棒球场	1	27 000	10 000
	网球场	6	6000	3500
	篮球场	3	2500	2000
	排球场	3	2500	2000
	游泳场	1	3300	5000

级别	设施	数量	面积（m²，含观众席和配套设施面积）	观众人数（人）
3级	体育馆	1	3300	
	其他（停车场、道路、绿地、池塘等）		80 000	
4级	田径场	1	25 000	5000（同时作为足球场地使用）
	棒球场	1	18 000	
	网球场	4	3300	
	篮球场	2	1700	
	排球场	3	2000	
	游泳场	1	3300	
	体育馆	1	1700	
	其他（停车场、道路、绿地、池塘等）		45 000	

注：此数据引自参考文献[1]。

各类运动场地平面见图4-7-6~图4-7-16。

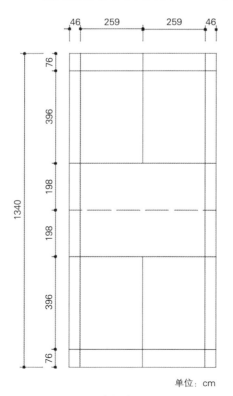

单位：cm

图4-7-6　羽毛球场地平面图

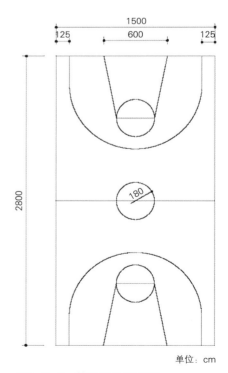

单位：cm

图4-7-7　篮球场地平面图

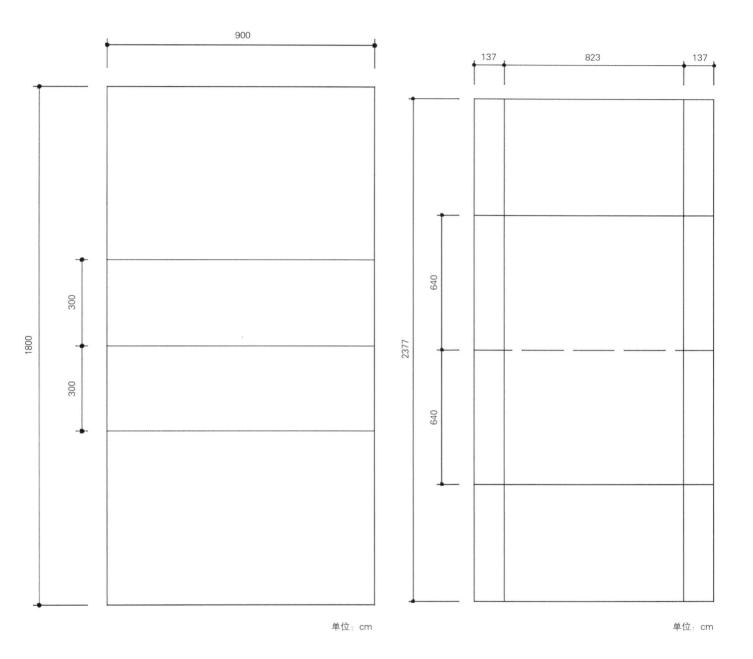

单位：cm

单位：cm

图4-7-8　排球场地平面图

图4-7-9　网球场地平面图

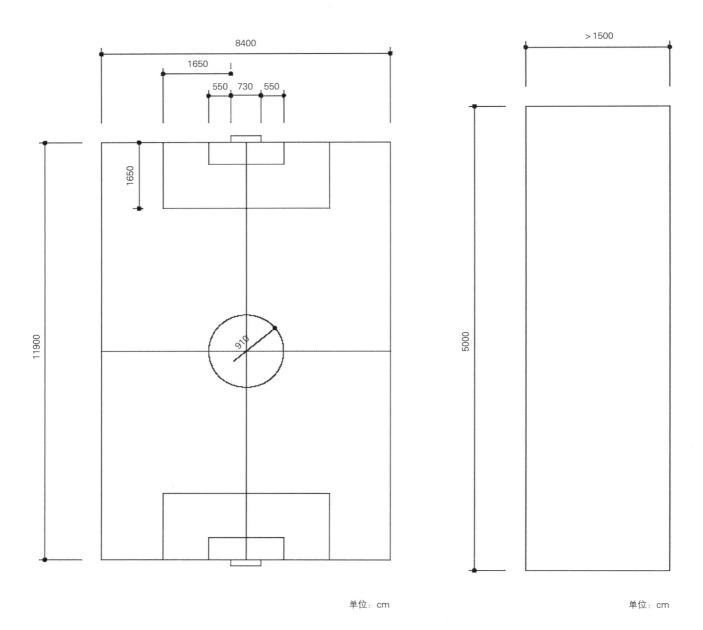

图4-7-10 足球场地平面图   图4-7-11 标准游泳池平面图

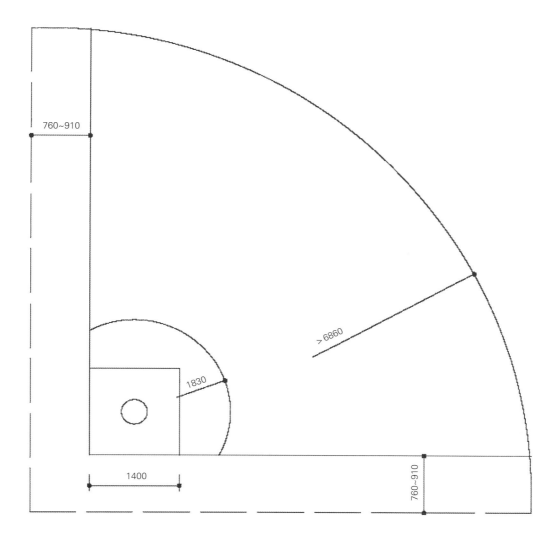

760~910

> 6860

1830

1400

760~910

单位：cm

图4-7-12　垒球场地平面图

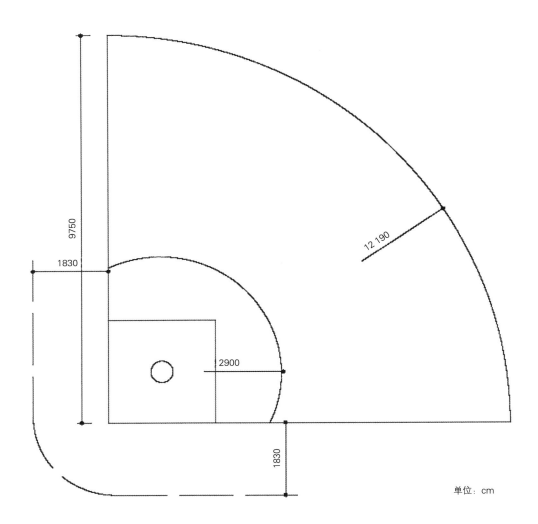

9750

1830

12 190

2900

1830

单位：cm

图4-7-13 棒球场地平面图

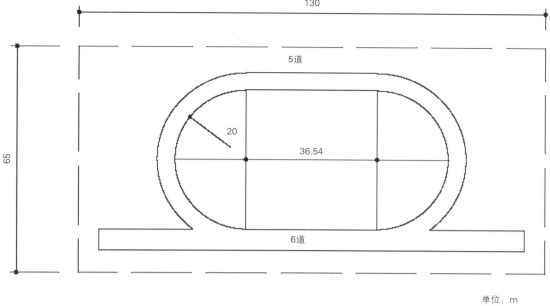

图4-7-14　200m田径场地平面图

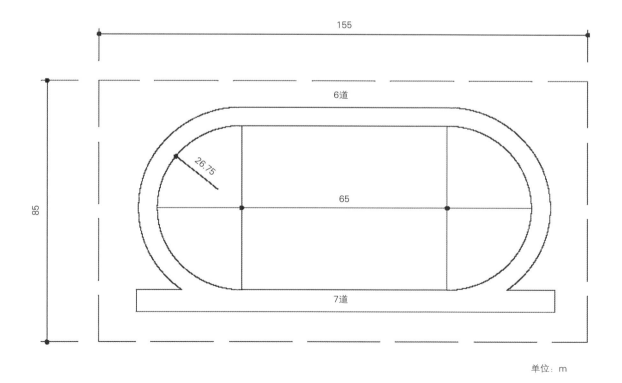

图4-7-15　300m田径场地平面图

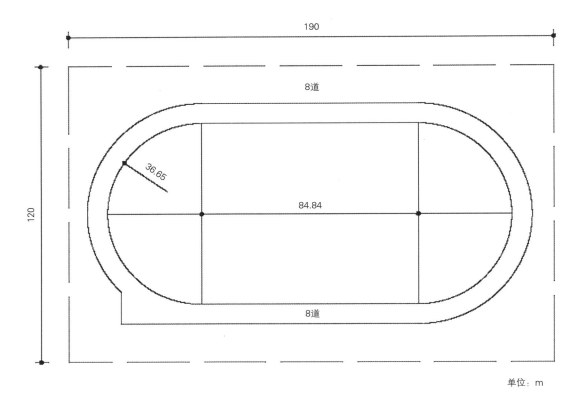

图4-7-16　400m田径场地平面图

第八节　植物园

一、概要

植物园是提供植物观赏、研究、保育和教育功能的公园。现代植物园种类繁多，根据其主体功能，大致可以分为以下几类。

1. 学术研究型植物园

主要进行植物分类、形态、生理、生态、遗传等方面的学术研究。

2. 地域型植物园

展示、研究、收集东亚、南亚、中国、日本、欧洲、非洲、北美等特定地域的植物。

3. 生态型植物园

展示、研究、收集高山、湖泊、沙漠、洞穴、森林等特定生态系统的植物。

4. 特定植物种群型植物园

展示、研究、收集特定植物种群，如松柏类、杜鹃、郁金香、梅等。

5. 生产性植物园

引进、培育新品种，大量培育植物。

6. 观赏性植物园

以休闲、观赏植为主要功能。

7. 教育型植物园

作为植物教育基地，促进人们了解植物。

8. 综合性植物园

面积较大，容纳多种植物，具备植物展示和教育、学术研究、引进培育新植物种、休闲等功能。

植物园可以单独设置，也可以设置在大型综合公园、风景区内。一般来说，中等规模的植物园需要配置足够的停车场，设置游客休息处和餐饮店，配备明确的标识指示系统和解说系统。

综合性植物园为了兼顾研究和教育，一般按照植物分类进行空间的划分。除了户外植被以外，还会配置温室植物展示区、水生植物展示区、苗圃、图书室、实验室、教室、管理设施、停车场、餐饮设施等。

二、典型案例设计过程

1. 调查

本案例为某高山植物园，总面积约30hm。基地位于某高山西麓，西、南为机动车道路，东、北为山道。基地总体东北高、西南低。现状基本为当地杂木林，没有保护价值。基地中部的陡坡西侧为相对低洼地，有汇水池塘。基地大部分为缓坡，陡坡少，裸露石块少，土质均实稳定，适宜种植植被（图4-8-1）。

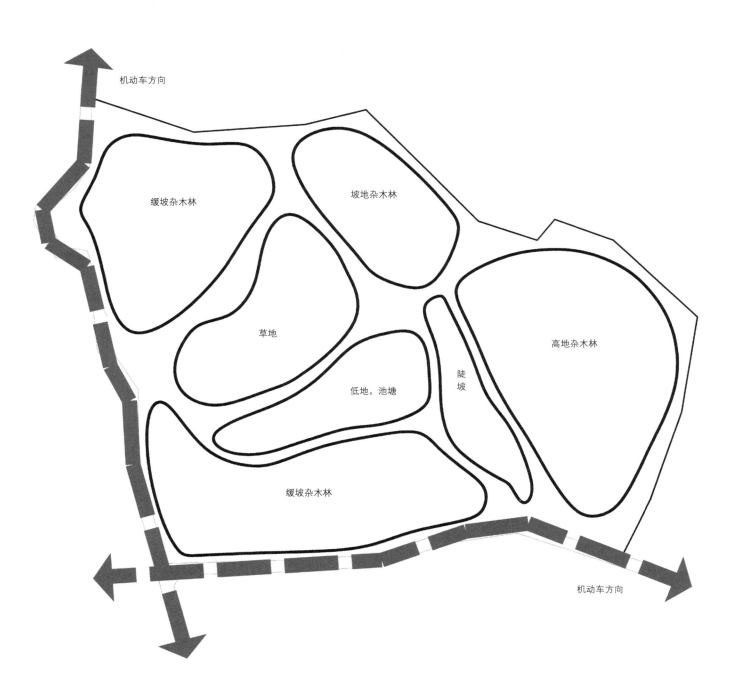

机动车方向

缓坡杂木林

坡地杂木林

草地

低地，池塘

陡坡

高地杂木林

缓坡杂木林

机动车方向

图4-8-1　基地调查图

2. 确定功能布局

本案例占地规模大，有充足的财政投入，因此规划为综合性植物园，共划分为9个功能区。

入口与管理区放置于西侧，紧靠西边南北向机动车道，方便客人进出。该区设置停车场和管理建筑，是整个植物园的管理与研究中心。

温室区设置在入口与管理区北，此处地形平坦，适宜建造大型建筑物，且紧靠入口，方便车辆进出。温室区主体建筑为温室，恒温种植、培育、展示热带和沙漠植被。温室内布置洗手间、餐饮和休息功能。

温室区东、北侧布置休闲游戏区，主要针对温室利用者，进行户外休闲散步使用。休闲游戏区设置儿童户外游戏设施和大草坪。

入口与管理区东侧地形平缓、光照充足，布置花木类植被观赏区。内部包括杜鹃园、梅园、紫薇园和玫瑰园。

花木类植被观赏区以东为原有池塘，地势低洼，进一步开挖形成池塘，布置水生植被区。

花木类植被观赏区以南原为杂木林，布置植被展示与保育区，包括保育基地、苗圃、针叶林区、阔叶林区和常绿林区，是生产、展示、研究植被的主要基地。

陡坡东部为高地，地势高，气温低、风大，布置为高山植被保育区，主要保护、展示高山生态系统型植被群落。

高山植被保育区以北地势下降，背风，视野开阔，布置为住宿与餐饮接待区。主要供在植物园集体活动者和在此过夜者使用。

住宿与餐饮接待区以北为本地植被保育区，主要保护、培育、展示当地植物。里面主体为地域植被园，其西部设置外来植被区（图4-8-2）。

3. 确定方案

（图4-8-3）

三、其他案例

（图4-8-4、图4-8-5）

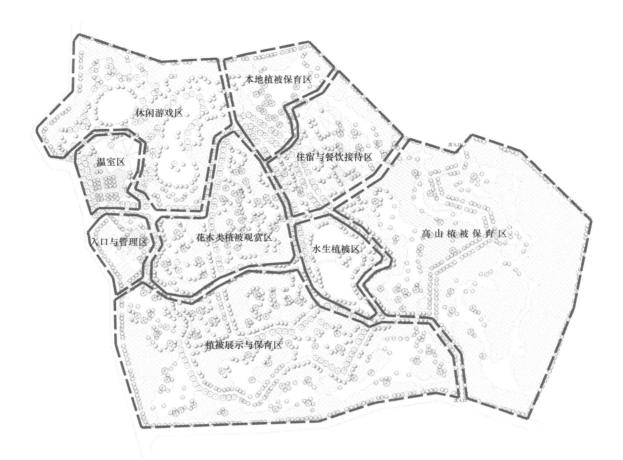

图4-8-2 植物园功能布局图

图4-8-3 植物园方案图

本地植物园

樱花山

杜鹃园

水生植物园

草本植物园

大草坪

湖

墙壁绿化标本室

花坛

停车场

入口广场

温室

苗圃

信息中心

图4-8-4　新泻县植物园设计

图4-8-5 宇治市植物园

第九节　综合公园

一、概要

综合公园占地面积大，使用人数多，使用者年龄跨度大，设施设备比较完整。其功能也最为复杂，主要功能包括休闲、观景、生态环保、娱乐、文化传播、游戏、游玩、教育、体育运动等，附属功能包括餐饮、厕所、救助、管理、停车等。在公园体系中，综合公园等级高于社区公园，其服务半径覆盖整个城市或者整个区。

大型综合性公园一般包括休息餐饮区、游戏娱乐区、儿童活动区、管理区、植被绿化区等。必备的设施主要有公园管理建筑、游乐设施、文化设施（博物馆、画廊等）、体育设施、餐饮设施、休息设施、环卫设施、公园指示和标识设施、停车场等。

二、典型案例设计过程

1．调查

本案例为长江边上的一处公园，总面积约20公顷。经过与委托方交流，确定公园性质为综合性公园，满足周边居民日常休闲、游憩需求，同时该公园应体现文化特色，要建造一条民俗文化老街，进行民俗文化用品的制造和买卖。

确定委托方意图后，进行现场调研，并按照地形图制作了基地高程等级图、坡度等级图。基地东临城市干道，西靠长江，总体呈不规则梯形。地块地形基本平坦，西南侧和西北侧有凸起的石山。基地西部1/3位于长江防波堤之外，地面均为江砂。基地中部为废弃的村落，建筑基本没有保留价值。基地东部地势低洼，有池塘和植被（图4-9-1）。

根据地块条件，制作建设条件分析图。长江防波堤之外不具备建设条件，故划分为滨江非建筑区。地块东侧道路红线后退15m范围内为城市绿线范围，为非建筑区。凸起的石山坡度较陡，为坡地非建筑区。其他为可建设区（图4-9-2）。

2．确定功能布局

根据地块条件和委托方意图，规划8个功能区。

入口与服务区位于基地位于东侧偏北，紧靠城市道路，主要承接从北向南而来的人流。该区包括主入口、临街商铺、售票点、停车场和接待服务大厅。

基地东侧临道路的部分和北侧，布置绿化隔离区，通过高密度绿化降低周边道路和建筑对公园的干扰。

入口与服务区以西为老街文化区，布置步行一条街，主要进行文化制品、民俗工艺品、当地特色食品原材料的销售和制作。内部设置当地小吃食肆。

基地中部偏东南布置园林会所配套设施区，主要提供餐饮、住宿、会议服务。主体建筑为西北、东南走向，目的是使房间尽量朝向西边的长江，实现视野的开阔。园林会所配套设施区东南临道路处布置次入口。

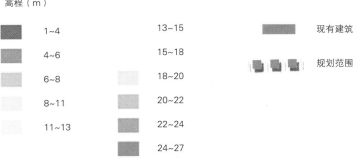

高程（m）

■ 1~4	13~15	■ 现有建筑	
■ 4~6	15~18		
■ 6~8	18~20	规划范围	
8~11	20~22		
11~13	■ 22~24		
	■ 24~27		

图4-9-1　基地现状条件图

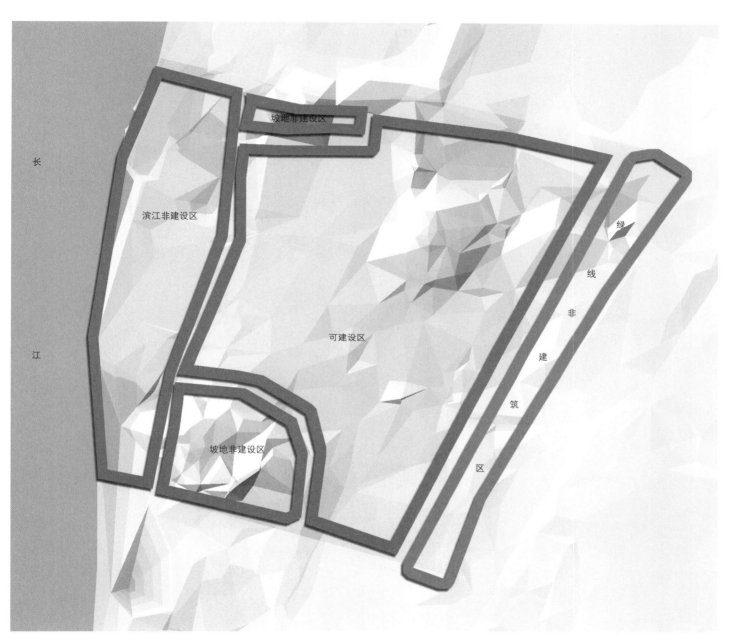

长

江

滨江非建设区

坡地非建设区

坡地非建设区

可建设区

绿

线

非

建

筑

区

图4-9-2 建设条件分析图

园林会所配套设施区西侧布置户外主题休闲娱乐区，主要为以观赏为主要功能的四季花卉主题园，方便会所和老街使用者用餐后或者购物后休闲散步。

　　通过景观河道将园林会所配套设施区、户外主题休闲娱乐区与老街文化区、入口区隔开，从而避免老街上游人过多对会所环境造成干扰。结合水主题布置相关活动，如垂钓、划船项目，形成水主题文化休闲区。

　　基地南部有陡坡石山，设置苑林区。山上最高点设置茶室，可以观赏江景。

　　防波堤以外设置建构物，江边布置栈桥码头，可进行江面游览。沿岸线设置游步道和临江广场，形成码头区和滨江文化散步区（图4-9-3）。

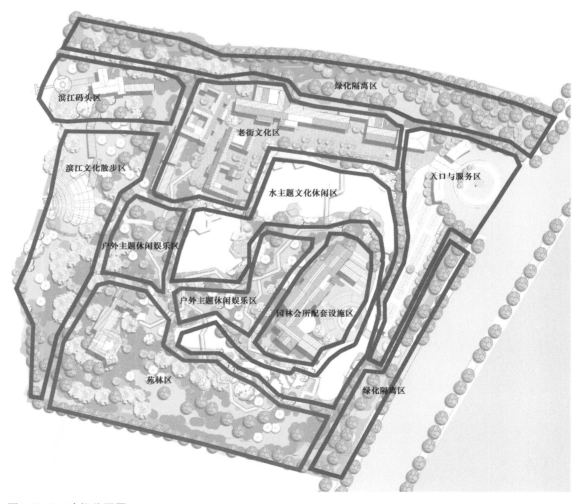

图4-9-3　功能分区图

3. 确定游线布局

主入口至步行一条街、次入口至园林会所建筑，形成主要人流线路。其他次要人流线路贯穿各个功能区（图4-9-4）。

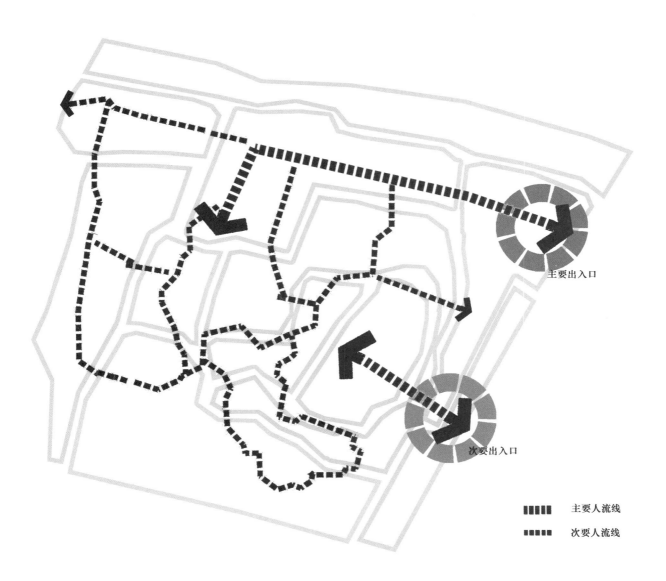

主要出入口

次要出入口

▮▮▮▮▮ 主要人流线

▪▪▪▪▪ 次要人流线

图4-9-4　结构与游线图

4. 确定方案

（图4-9-5）

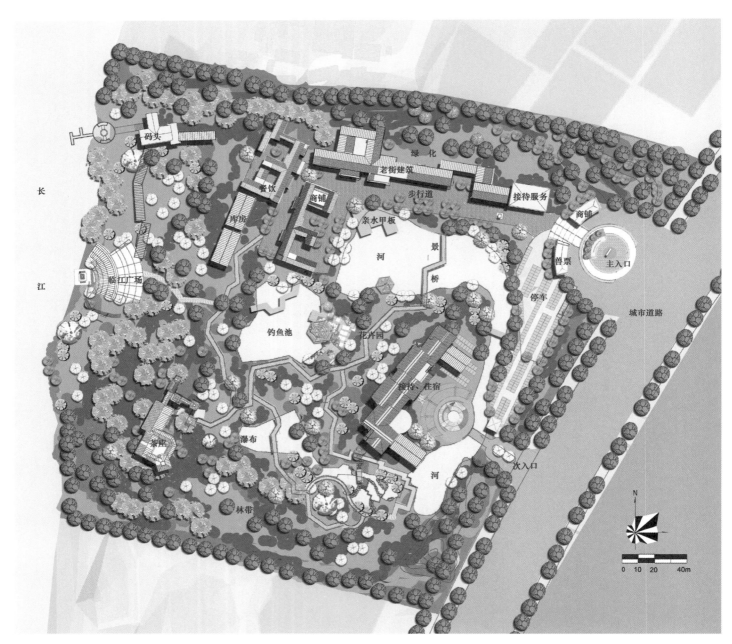

图4-9-5 方案平面图

三、其他案例

（图4-9-6~图4-9-17）

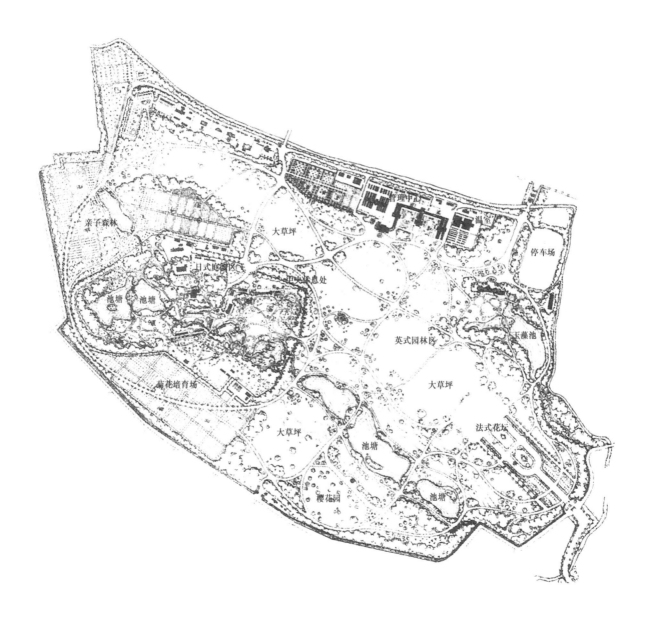

图4-9-6　日本新宿御苑平面图

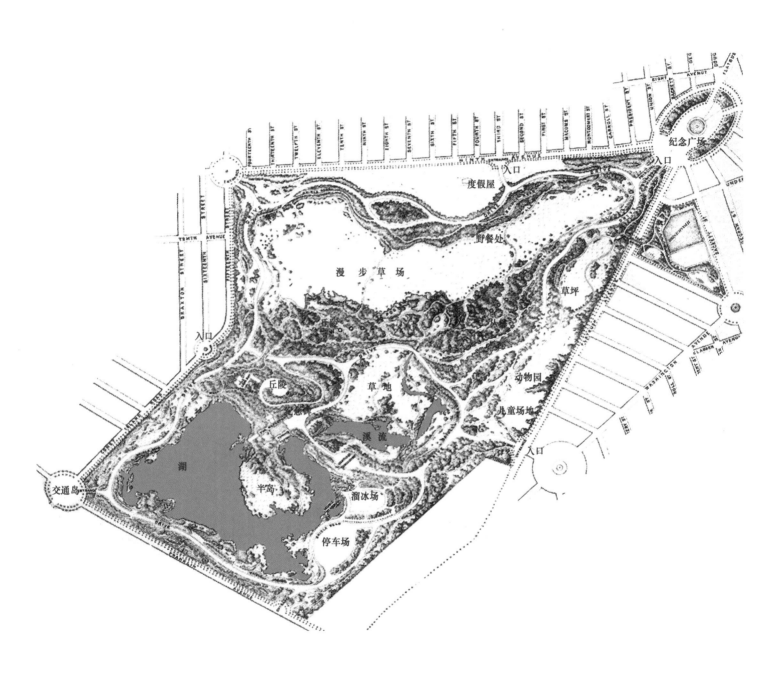

图4-9-7 布罗斯派克公园平面图

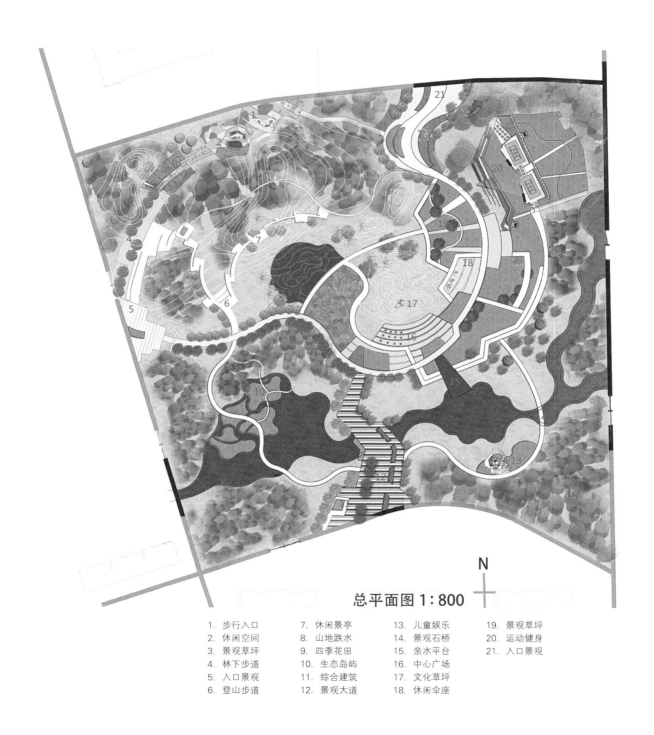

总平面图 1：800

N

1. 步行入口　　　7. 休闲景亭　　　13. 儿童娱乐　　　19. 景观草坪
2. 休闲空间　　　8. 山地跌水　　　14. 景观石桥　　　20. 运动健身
3. 景观草坪　　　9. 四季花田　　　15. 亲水平台　　　21. 入口景观
4. 林下步道　　　10. 生态岛屿　　　16. 中心广场
5. 入口景观　　　11. 综合建筑　　　17. 文化草坪
6. 登山步道　　　12. 景观大道　　　18. 休闲伞座

图4-9-8　学生作业1　某综合公园设计

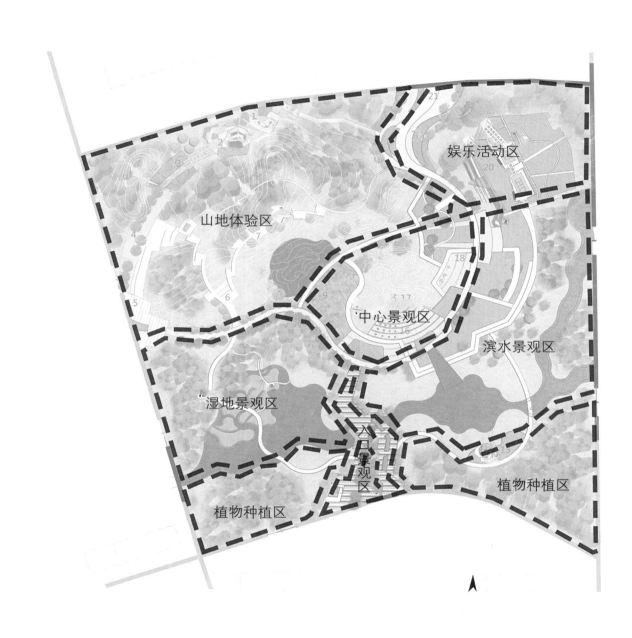

娱乐活动区

山地体验区

中心景观区

滨水景观区

湿地景观区

入口景观区

植物种植区

植物种植区

图4-9-9　学生作业1　某综合公园功能分区图

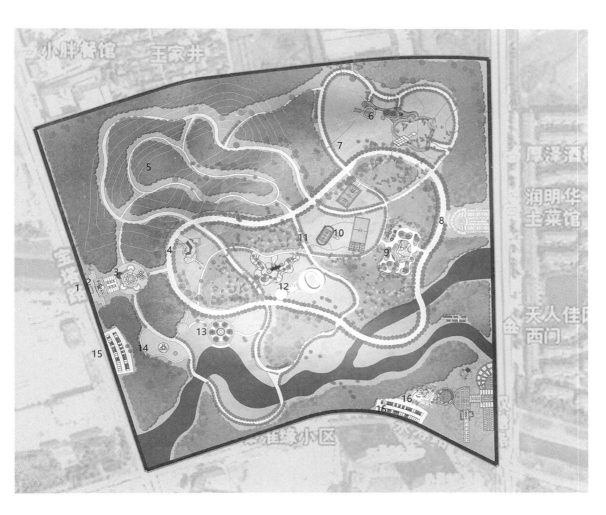

1．入口景亭
2．主景水池
3．入口广场
4．景观小构筑
5．极限运动林区
6．儿童乐园
7．疏林草地
8．次入口广场
9．五彩花园
10．足球场
11．篮球场
12．体育馆
13．树阵广场
14．休憩小游园
15．停车场
16．园务管理建筑

图4-9-10　学生作业2　某综合公园设计

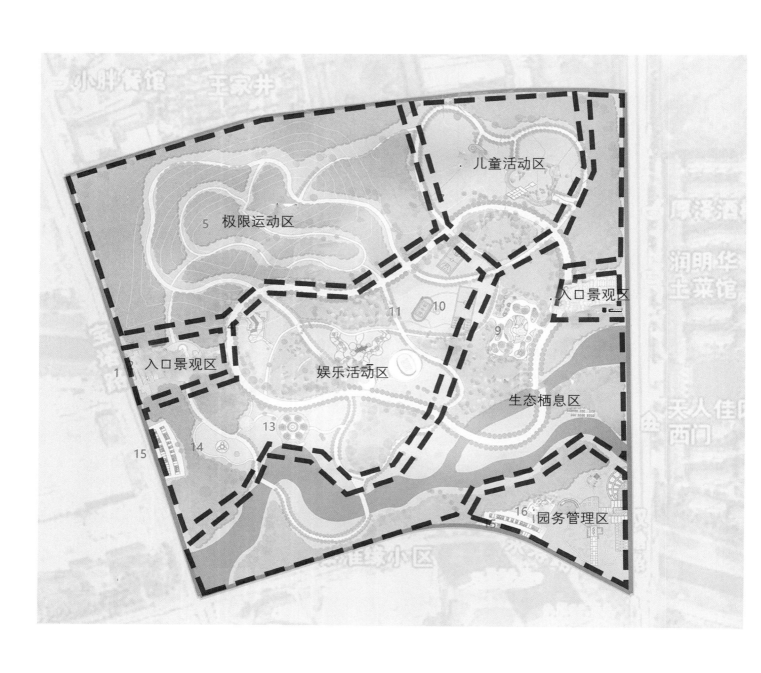

图4-9-11 学生作业2 某综合公园功能分区图

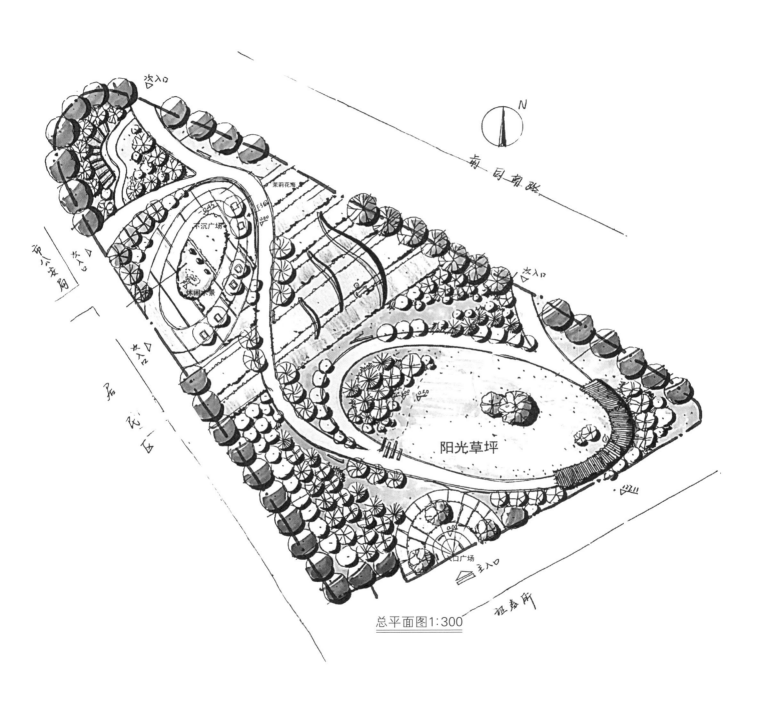

图4-9-12 学生作业3 某综合公园设计

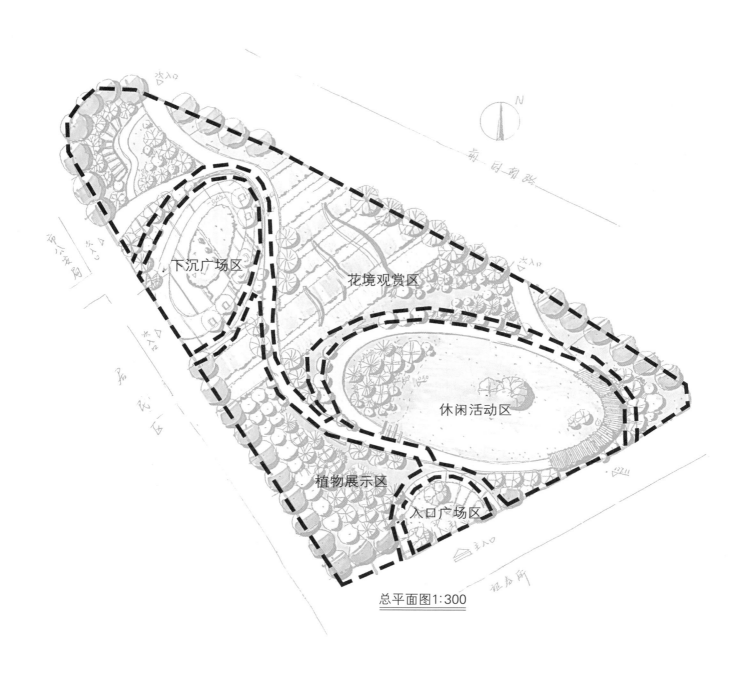

下沉广场区

花境观赏区

休闲活动区

植物展示区

入口广场区

总平面图1:300

图4-9-13　学生作业3　某综合公园功能分区图

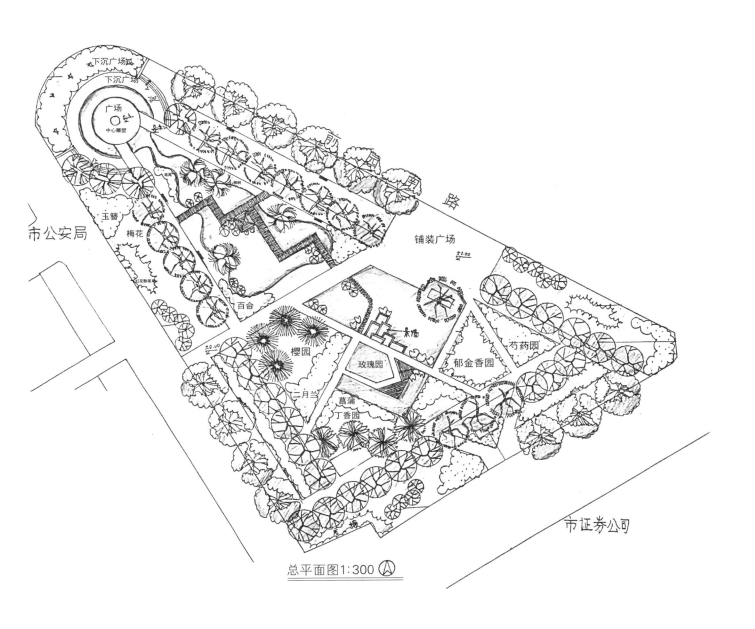

市公安局

市证券公司

下沉广场
下沉广场
广场
中心雕塑
玉簪
梅花
百合
铺装广场
樱园
二月兰
玫瑰园
菖蒲
丁香园
郁金香园
芍药园

总平面图1:300

图4-9-14　学生作业4　某综合公园设计

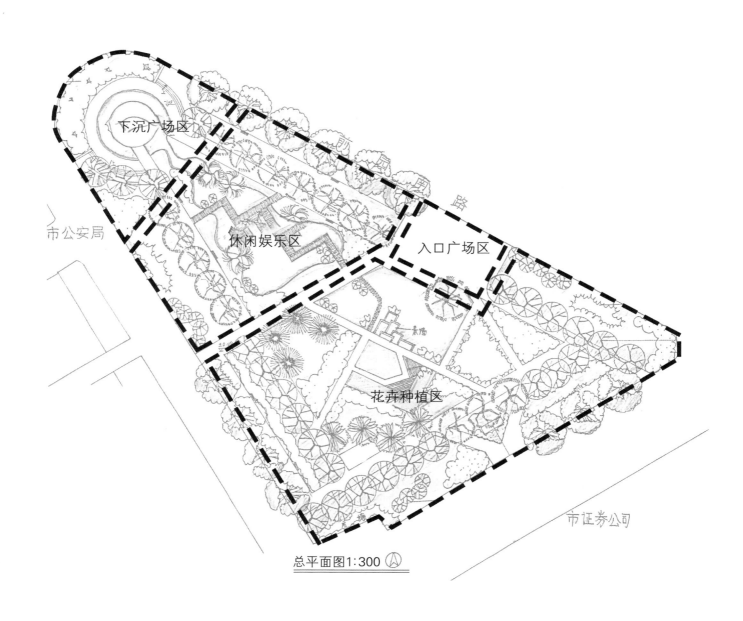

下沉广场区

休闲娱乐区

入口广场区

花卉种植区

市公安局

市证券公司

总平面图1:300

图4-9-15 学生作业4 某综合公园功能分区图

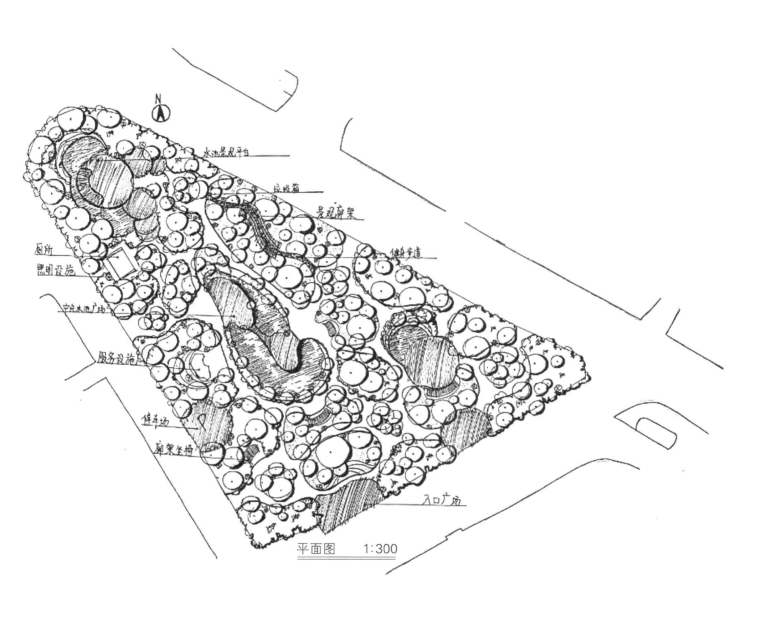

水池景观平台

垃圾箱

景观廊架

健身步道

厕所

照明设施

中央水池广场

服务设施

停车场

廊架坐椅

入口广场

平面图　　1:300

图4-9-16　学生作业5　某综合公园设计

下沉广场区

水池景观平台

应急箱

安静休闲区

景观亭架

厕所

园翻设施

健身步道

下沉水池广场

服务设施

中心水池广场区

休闲娱乐区

停车场

廊架生境

植物种植区

入口广场

平面图　　　1:300

图4-9-17　学生作业5　某综合公园功能分区图

150

第十节 滨水区规划设计

一、概要

　　滨水区是临海、临湖、临河的区域，具有得天独厚的亲水资源。在城市化快速发展的今天，滨水地区的环境价值受到重视。国内外很多地方政府都投入巨资进行滨水区的开发和改造。成功的滨水区开发不仅会大大改善一个城市的空间环境质量，而且在促进城市功能转变、提升城市竞争力方面会起到重要作用。滨水区开发成功的先决条件之一是必须有合理、科学、具有前瞻性的规划设计，其中，景观设计是重要的因素之一。

　　滨水区的主要功能有：

　　（1）物流、航运；

　　（2）旅游观光；

　　（3）休闲、游憩、娱乐；

　　（4）交流、交往；

　　（5）植被和生态系统保护；

　　（6）文化交流；

　　（7）水上运动、沙滩运动；

　　（8）观景。

二、典型案例设计方法

　　本案例为沿长江某区域中心城市新区的滨水区规划。该城市为国家历史文化名城、风景旅游城市，具有良好的自然资源和人文资源。其新区核心区南侧为谷阳湖，是由水库形成的人工湖。本案例规划区域以滨湖景观为特色，总面积近400hm²（图4-10-1）。

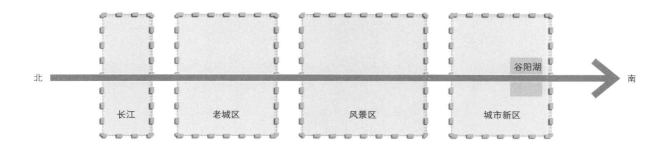

图4-10-1　滨水区与城市关系图

1. 调查

现状用地主要由水体、湿地、荒地、农民菜地等自然性状态土地组成。西侧有较为集中的村落住宅。大坝和相关设施集中在东侧。湖中半岛突出在水中。

区内基本为步行小道，缺乏系统的道路。

规划区现状水体水质较好。四周具有开阔的天际线和自然性岸线，野生植被丰富，向西直接看到长山山脉。人口密度低，建设基础良好。大坝是重要的景观要素，必须予以合理的改造。

在现状调查的基础上，制作现状坡向图、土地利用现状图等（图4-10-2、图4-10-3）。这些图纸能使设计者直观地把握地块状况。

2. 确定滨水区的功能

经过与委托方协商，以及对周边城区需求的分析，确定滨水区功能为展现新区风貌形象的窗口，集居住、游憩、休闲、文化、展示功能为一体。具体功能为：

（1）城市次中心的重要组成部分，城市发展的节点；

（2）完善新区中心区功能的主要板块，推进城市建设的重要环节；

（3）区域内重要的居住、休闲基地，以滨湖为特点的城市文化展示中心。

3. 确定功能布局

根据现状地形地貌特点和相关规划，划分为五个功能区：低密度居住区、休闲娱乐区、文化展示公建区和公园区。

低密度居住区位于规划区西侧，以高品质的别墅和花园洋房为物业特色。

休闲娱乐区位于湖中半岛，以餐饮、度假、休闲、艺术、娱乐、商业功能为主，是区域性的文化、休闲娱乐中心。

文化展示公建区位于规划区北端，北接城市行政核心区，主要布置文化、展示、娱乐、酒店等公共建筑，同时兼顾商业、办公、金融、管理功能。

公园区位于谷阳湖东侧和南侧，这里环境幽静、景观视野开阔，规划湿地游憩公园和体育运动公园两部分。湿地游憩公园以儿童游憩、湿地植物展示和培育为主要功能，体育运动公园以综合性体育运动为特色（图4-10-4）。

4. 确定景观结构

以环湖岸线和中心景观轴线为依托，形成扇形的混合公建区、三纵一横的空间轴线和三个空间核心。

扇形混合公建区：以城市行政核心区为依托，在湖北侧形成以文化展示为主的混合公共建筑带，有助于带动区块的滚动开发。

三纵一横的空间轴线：以纵向绿化景观轴为依托，形成纵向空间主轴；以文化展示公建区建筑群沿次干道形成两条纵向空间次轴；湖南岸公共区域形成横向空间轴线。

三个空间核心：根据空间、景观和人流聚集方向，确定休闲娱乐区、公建区湖滨拓展空间和体育运动中心三个核心空间（图4-10-5）。

坡向
平缓
北
东北
东
东南
南
西南
西
西北
北

图4-10-2 滨水区现状坡向图

土地利用
坝
塘
天然草地
建设用地
灌溉水田
施工场地
旱地
桑园
水库
渠
房子
竹
苇
茶
菜地
路

图4-10-3 滨水区土地利用现状图

图4-10-4 滨水区功能分区图

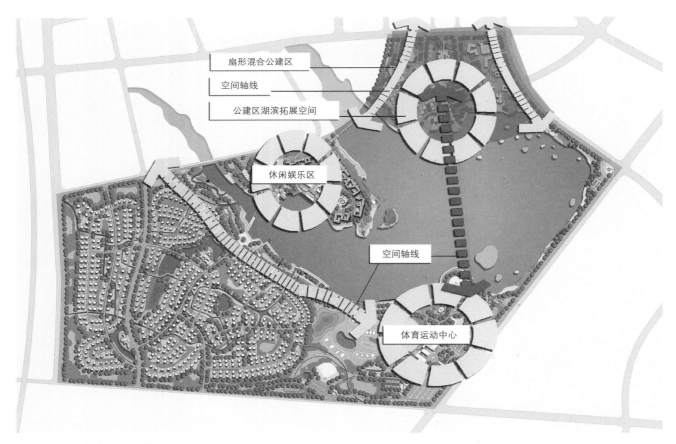

图4-10-5 滨水区景观结构图

5. 确定总体方案（图4-10-6）

6. 详细设计

（1）休闲娱乐区设计（图4-10-7、图4-10-8）

休闲娱乐区所在湖中半岛，拥有滨水区最好的景观资源，可以满足周边休闲娱乐需求。规划设施为商业中心、度假宾馆、餐饮、酒吧、艺术村、游艇码头。

（2）低密度居住区详细设计（图4-10-9、图4-10-10）

低密度居住区以多层花园洋房、联排别墅为主。南、北各有一处会所，湖水引入小区内，做到风景入户、曲水流觞。

图4-10-6　总体方案平面图

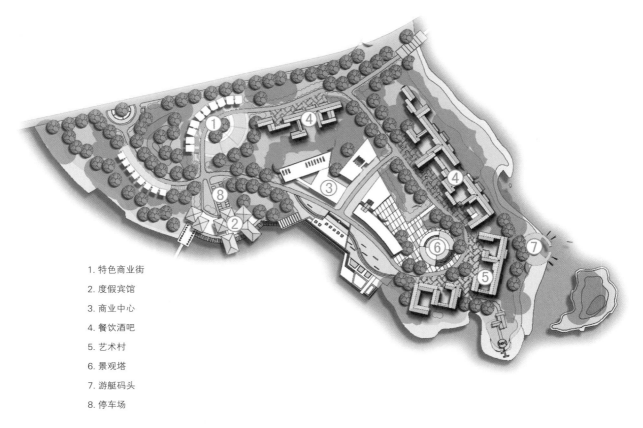

1. 特色商业街

2. 度假宾馆

3. 商业中心

4. 餐饮酒吧

5. 艺术村

6. 景观塔

7. 游艇码头

8. 停车场

图4-10-7 休闲娱乐区详细设计

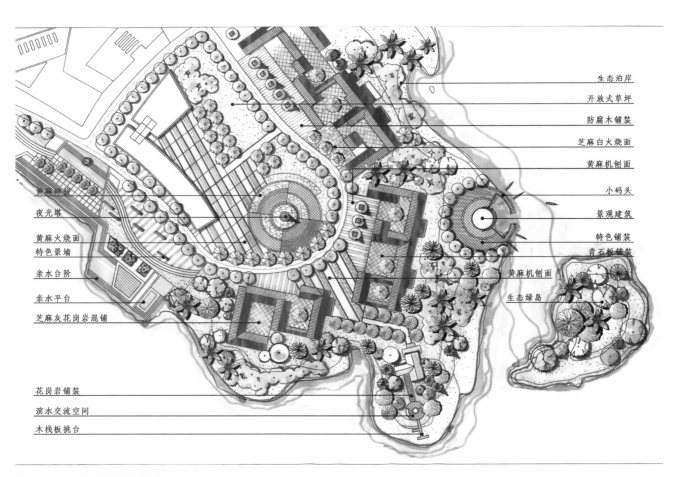

生态泊岸

开放式草坪

防腐木铺装

芝麻白火烧面

黄麻机刨面

小码头

景观建筑

特色铺装

青石板铺装

生态绿岛

黄麻拼接

夜光塔

黄麻火烧面

特色景墙

亲水台阶

亲水平台

芝麻灰花岗岩混铺

黄麻机刨面

花岗岩铺装

滨水交流空间

木栈板挑台

图4-10-8 休闲娱乐区局部

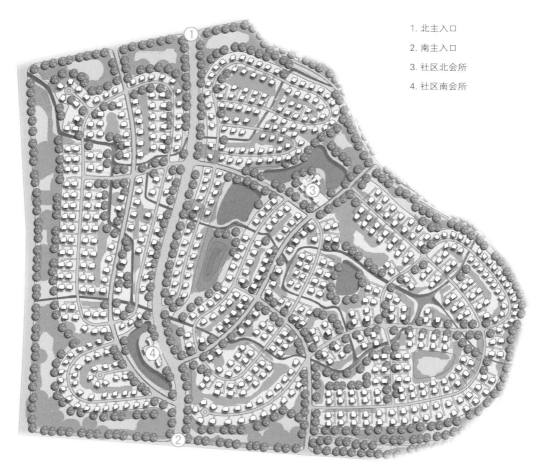

1. 北主入口
2. 南主入口
3. 社区北会所
4. 社区南会所

图4-10-9　低密度居住区设计

图4-10-10　低密度居住区鸟瞰图

（3）体育运动公园设计（图4-10-11、图4-10-12）

体育运动公园拥有大面积的绿地和开阔的景观视野，是滨水区的绿肺。主要入口布置在东侧靠城市道路处，配置大规模停车场。内部配置体育馆、管理中心、各类球场、运动草坪。

（4）临湖岸线设计（图4-10-13）

临湖岸线尽量采用自然性设计手法，不设置硬质驳岸，而是采取缓坡入水的手法，在个别人流汇集处设置亲水台阶，在湖边5~10m处设置沿湖步行道。

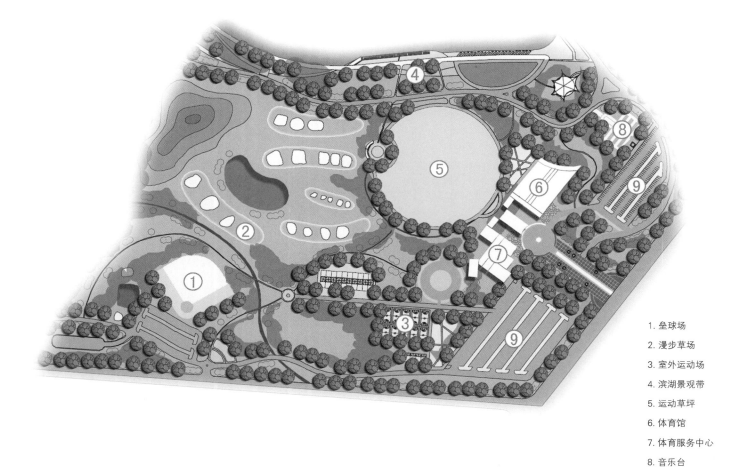

1. 垒球场

2. 漫步草场

3. 室外运动场

4. 滨湖景观带

5. 运动草坪

6. 体育馆

7. 体育服务中心

8. 音乐台

9. 停车场

图4-10-11 体育运动公园设计

图4-10-12　体育运动公园鸟瞰图

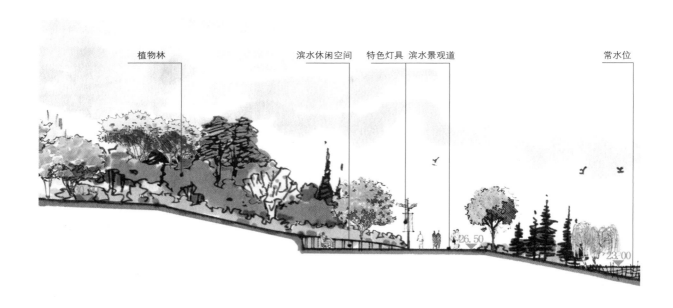

植物林　　　　　　　滨水休闲空间　特色灯具　滨水景观道　　　　　　　　　　常水位

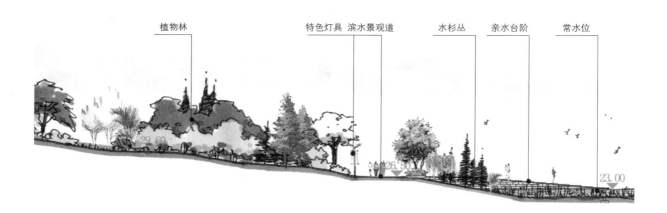

植物林　　　　　　　特色灯具　滨水景观道　　　　水杉丛　亲水台阶　常水位

图4-10-13　临湖岸线剖面设计

第五章　分项设计

第一节　道路设计

一、道路种类

1. 道路的等级

道路是联系各个功能区的通道。道路的主要功能是通行，其次是休闲散步。从道路的功能和通行量划分，可以分为以下几个等级。

（1）国道

全国性干线道路，主要联系首都与各个省省会城市、自治区首府、直辖市、经济与交通枢纽、战略重地、商品基地等。

（2）省道

全省性干线道路，联系省内各个城市。

（3）城市主干道

城区内主要交通道路，连接城市各个功能区、重要节点枢纽。宽度30~45m。

（4）城市次干道

属于地区性道路。与主干道相联系的辅助性交通道路。宽度25~40m。

（5）支路

联系各个街区、居住区之间的道路。宽度12~15m。

（6）街区道路

街区内部交通、出入的道路。

（7）公园主路

公园内连接各个功能区的主要道路。宽度2~7m，可以专供人行，也可以人、车混行。

（8）公园支路

与公园主路相联系的辅助性道路，宽度1.2~5m，可以专供人行，也可以人、车混行。

（9）公园小路

深入各个景点、功能区的道路，宽度0.9~3m，一般为步行者专用道路。

2. 道路的分类

根据道路性质和利用对象不同，道路可以分为以下几类。

（1）高速路

特指专供汽车分道高速行驶，至少4车道以上、完全控制出入口、全部采用立体交叉的公路。

高速路是最高等级的公路，一般不穿越城区。

（2）快速路

城市道路的一种，设置有中央分隔带，汽车专用，全部或部分采用立体交差和控制出入，联系城市内各主要地区、主要近郊区、卫星城镇和对外公路。

（3）一般道路

供行人、无轨道车辆通行的道路。路幅较小时，行人和车辆可以采取人车混行模式。一般情况下，行人、车辆需要分道分向，且中间设置绿化隔离带。

（4）步行者专用道路

汽车不能进入，只供行人和自行车通行的道路。

二、道路布局

1. 确定出入口的位置与数量

道路布局首先应确定出入口的位置和数量。一般而言，景区和公园内为了形成环形游线，并考虑安全疏散因素，出入口需要设置两处：主出入口和次出入口。较大规模的地块，出入口也可以设置三处以上。

无论设置多少出入口，都必须有一处为主要出入口。主出入口一般位于等级较高的道路一侧，或者人流主要汇集方向上，但是一般不能设置在主要道路交叉口处。次出入口与主出入口应保持一定距离，不可相距太近。

2. 确定道路布局形态

道路布局应采用等级道路规划方法，首先确定主路，其次确定支路，最后确定小路。从数量上看，应该主路最少（一般1~2条），支路其次，小路最多。

主路必须连接主、次出入口，且贯穿主要功能区和主要建筑。支路从主路上延伸入功能区内，对各个功能区起到联系作用。小路则对主、支路起到补充作用，需布置到人所能到达的范围。总体而言，道路系统如同树状结构，主路为树干，支路为分枝，小路则是树梢。

道路系统的布局形态主要受到基地规模大小和形态的限制。基本模式可以分为直线形、环形、S形、回字形。

（1）直线形

基地形状呈条状、矩形，用地规模较小，只能布置一条直行主路。功能区分布在主路两侧。可以在直行主路两端各布置一个出入口，也可以只在一端布置出入口。直线形可以衍生出L形和丁字形（图5-1-1~图5-1-3）。

（2）环形

基地规模较大，可以组织环形游线。一般要求至少布置一主一次两个出入口。环形可以衍生出回字形（图5-1-4、图5-1-5）。

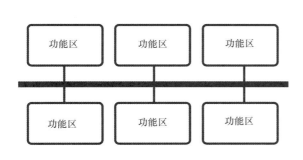

图5-1-1　直线形道路布局

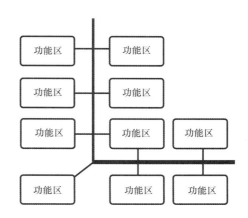

图5-1-2　L形道路布局

图5-1-3　丁字形道路布局

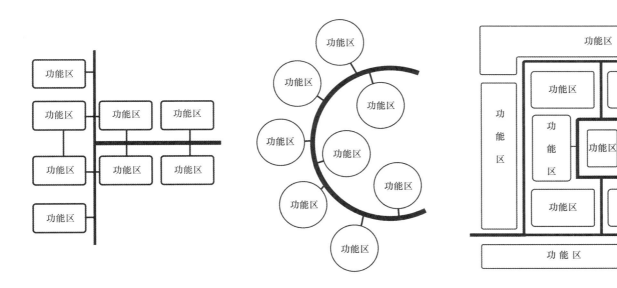

图5-1-4　环形道路布局

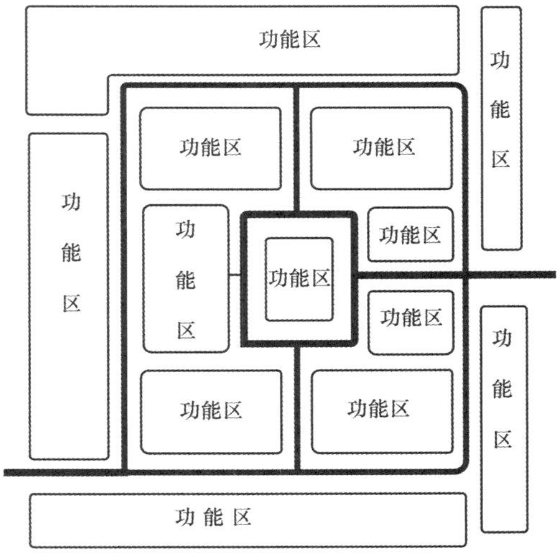

图5-1-5　回字形道路布局

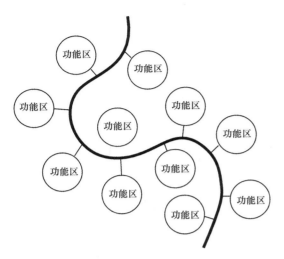

图5-1-6　S形道路布局

（3）S形

基地规模较大，主路曲折，有利于提高布局的趣味性（图5-1-6）。

三、案例

（图5-1-7~图5-1-10）

图5-1-7　明治神宫外苑道路系统

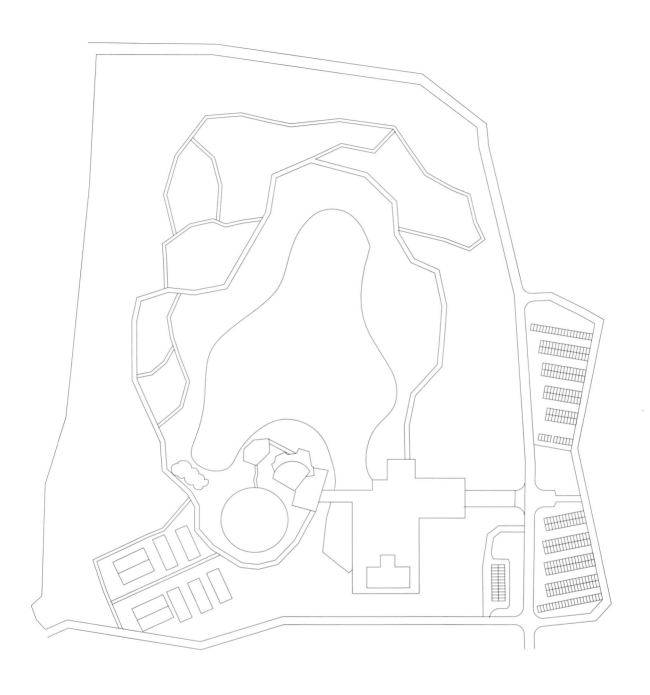

图5-1-8　新泻县植物园道路系统

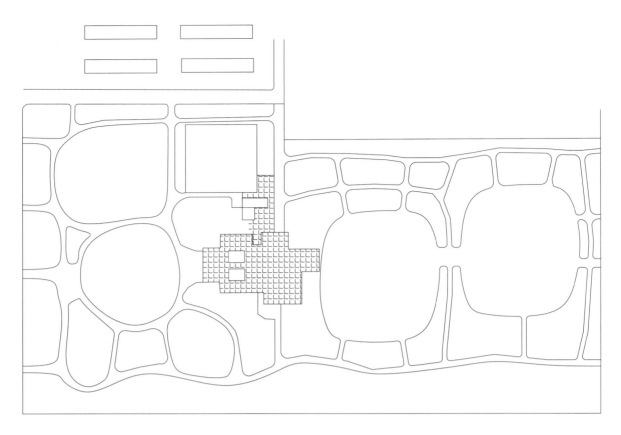

图5-1-9 村山公园道路系统

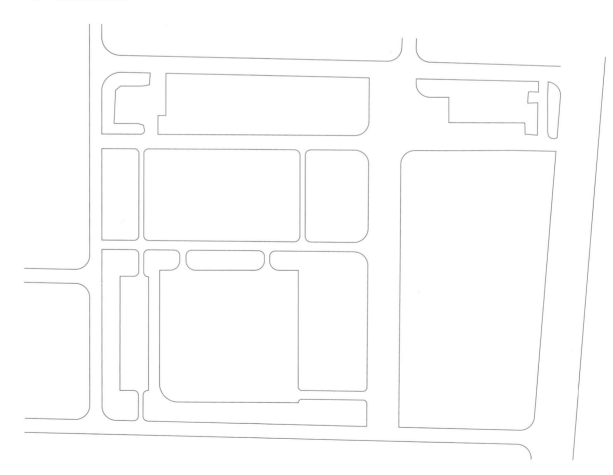

图5-1-10 赤冢运动公园道路系统

第二节　停车场设计

　　停车场是进行地面集中停车的地方。一般来说，停车场设计应注意出入口、车道、停车位、步行带、绿化的设计（图5-2-1）。

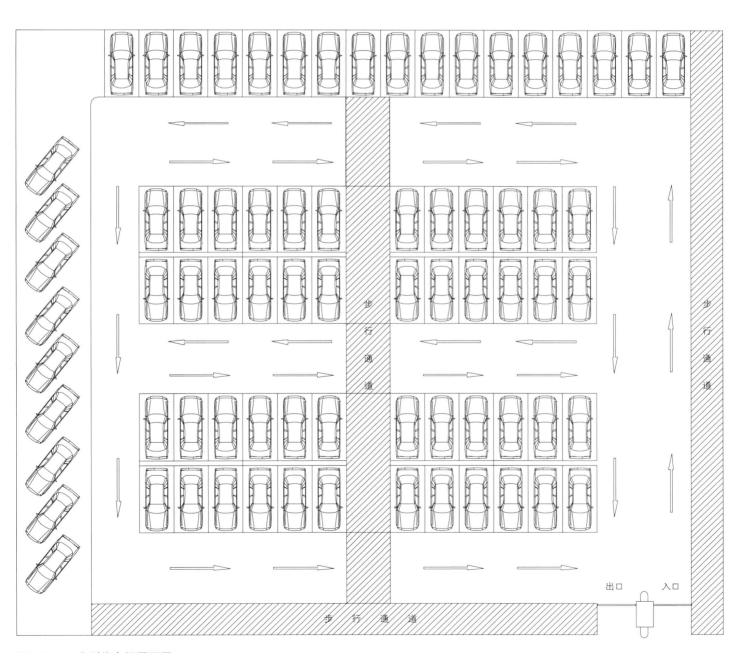

图5-2-1　典型停车场平面图

一、出入口

停车场出入口与主要人行出入口、道路交叉点必须保持一定距离，以避免车流和人流混杂，产生安全问题。有明确规定，出口和入口可以分开设置，也可以设置在一起，但需要分道。

我国是机动车靠右道行驶，右拐入停车场，右拐出停车场进入城市机动车道。因此，出入口应该保持开阔的视野，避免视线遮挡造成车碰撞。收费停车场出入口设置电子落杆、计价器、管理室。

二、车道

为避免堵车和安全问题，车道分成主车道和次车道。主车道一边尽量不设置停车位。车道一般单向行驶，交叉口避免十字交叉，尽量设置为L交叉和T交叉。为安全起见，交叉口需要设置标识、道路安全转角镜、挂式广角镜。

三、停车位

停车位设计注意足够的车体间隔。一般情况下，车体间隔至少60~90cm可确保能够顺利打开车门。车位至少长5m、宽3m，才可以保证车辆顺利进出（图5-2-2~图5-2-8）。

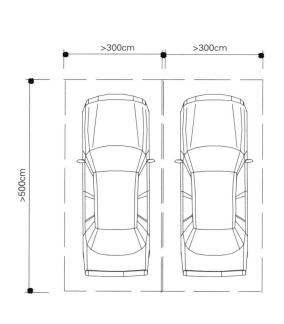

图5-2-2　停车位尺寸

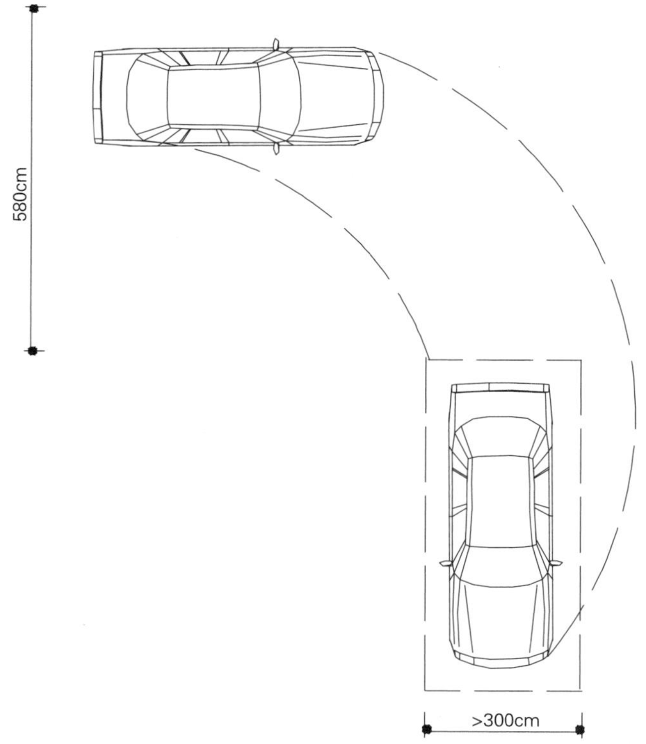

图5-2-3　垂直停车尺寸

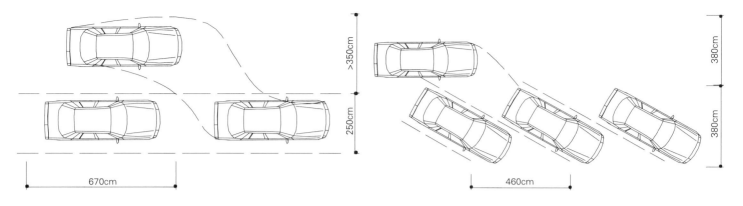

图5-2-4　平行停车尺寸

图5-2-5　30°停车

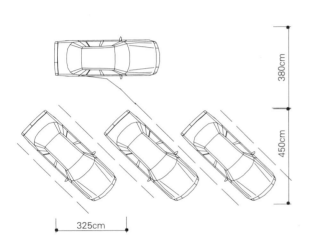

图5-2-6　45°停车

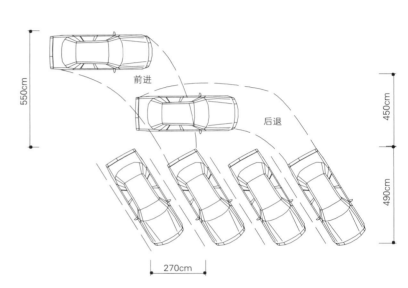

图5-2-7　60°停车

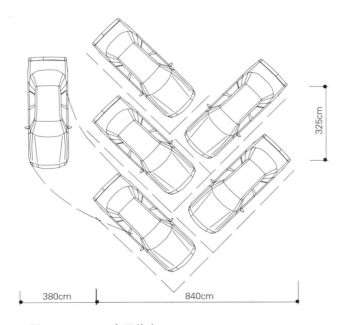

图5-2-8　45°交叉停车

图5-2-9 地下车库出入口绿化

图5-2-10 地面停车位绿化

四、步行通道

停车场应设置连贯的步行通道，宽度宜达到1.5m以上，以保证人正常通行。人、车实行平面分离，步行路线尽量用醒目颜色进行标识。与机动车通道交叉时，应设置斑马线。

五、停车场绿化

停车场绿化可以有效降低车辆尾气对环境的污染，缓和气温，提高停车场的景观价值，降低视觉干扰。具体手法包括：

（1）停车带前面设置绿化隔离带；

（2）通过乔灌木对周边建筑视线进行遮挡；

（3）停车位使用绿色地面，如植草砖（图5-2-9、图5-2-10）。

第三节 绿化设计

一、绿化的功能

绿化设计是景观设计的重要内容之一。绿化对于人类社会的功能主要体现在以下几个方面。

1. 环境保护功能

绿化可以固定土壤，防止水土流失，含养水分，促进生态系统恢复，保护河道，降低大气污染，净化空气，防风，缓和城市热岛现象，缓和气候，降低建筑表面和地表温度。

2. 防灾安全功能

绿化带可以有效阻挡火灾蔓延，防护性绿地形成的绿色屏障能够隔离工业区和居住区，保护居住环境。绿地也可以发挥避难功能，日本等多地震国家普遍将绿地作为避难点。

3. 景观美化功能

绿色代表生命。绿化对城镇环境景观具有明显的美化功能，能够形成赏心悦目的效果。

4. 健康功能

绿化环境能够有效减少城镇人工环境对人体的损害。植被进行光合作用，吸收二氧化碳、释放氧气，是人类生命延续的基础。绿化环境能够使人放松、愉悦，促进身心健康。

二、绿化设计原则

绿化设计作为景观设计的主要内容之一，必须遵循以下原则。

（1）绿化设计应符合景观设计的总体目标，符合开发建设的性质和各个功能区的定位。居住区绿化、企业环境绿化、停车场绿化等应有不同的功能组合（表5-3-1）。

（2）植物选择尽量选用本地适生植物，这样有利于提高存活率。尽量乔木、灌木、地被相搭配，落叶植物与常绿植物相搭配，形成植物群落，促进植物生态系统的形成和稳定。

（3）兼顾美观、经济、防护、生态效果。

表5-3-1　　　　　　　　　　　不同地块的绿化功能

类型	主要功能	辅助功能
居住区绿化	促进健康、环境美化、休闲散步	生态环境保护、防灾避难
庭院绿化	美化庭院、促进健康、休闲	生态环境保护、防灾避难
公园绿化	环境保护、景观美化、休闲散步	防灾避难、促进健康
河道、滨水区绿化	水环境保护、减少水土流失、涵养水分	美化景观、休闲散步
广场绿化	遮阴、美化景观	降低地表温度
道路绿化	降低噪声、尾气侵害、美化环境	降低地表温度
工厂企业绿化	美化环境、防止生产环境侵害	促进健康

三、绿化设计模式

植被设计主要有孤植、列植、散植和群植四种模式。

孤植是在某节点单独种植高大、形态优美的树木（图5-3-1）。

列植是将形态相近、高度相同的树木在直线上等距离连续种植，容易形成植物的序列感。列植主要用于停车场、道路两侧、绿化隔离带内（图5-3-2、图5-3-3）。

群植是通过乔灌木的有机组合，形成不同的效果，包括规整式群植和自由式群植两种方式。

图5-3-1　孤植树

图5-3-2　小区入口两侧列植树

图5-3-3　列植的竹子

图5-3-4　群植一

图5-3-5　群植二

规整式群植等距离群植形成树阵，可以形成厚重的绿色屏障和强烈的序列感。自由式群植将乔木、灌木、地被等不同植物搭配，形成自然、活泼、生态的效果（图5-3-4、图5-3-5）。

散植是分散地配置树木，形成随意、生态自然的效果。

四、案例

（图5-3-6、图5-3-7）

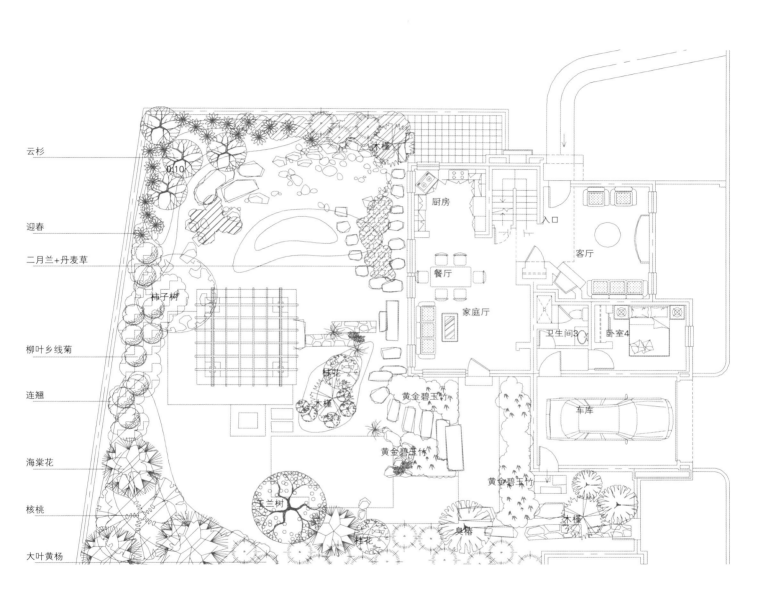

云杉

迎春

二月兰+丹麦草

柿子树

柳叶乡线菊

连翘

海棠花

核桃

大叶黄杨

木槿

厨房

入口

客厅

餐厅

家庭厅

卫生间3

卧室4

车库

桂花

木槿

黄金碧玉竹

黄金碧玉竹

黄金碧玉竹

玉兰树

臭椿

桂花

木槿

图5-3-6 某别墅庭园植被设计

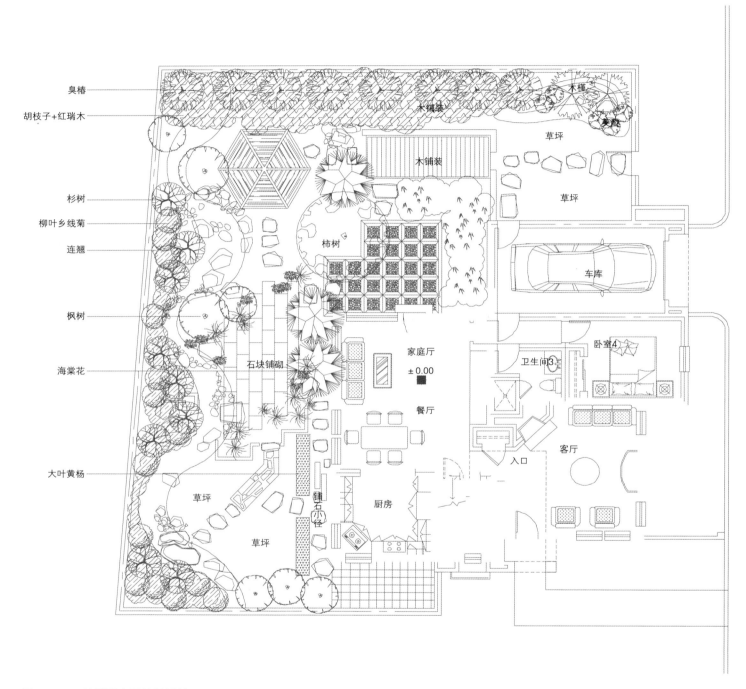

臭椿

胡枝子+红瑞木

木槿

木铺装

杉树

柳叶乡线菊

连翘

草坪

草坪

木铺装

柿树

枫树

车库

家庭厅

± 0.00

卧室4

海棠花

石块铺砌

卫生间3

客厅

餐厅

大叶黄杨

铺石小径

草坪

厨房

入口

草坪

图5-3-7　某别墅庭园植被设计

五、常用园林植物数据

1. 常绿乔木

名称	高度（m）	光照	湿度	温度	分布
南洋杉	60	喜光	耐湿	不耐寒	广东、福建、海南、云南、广西
杉松	30	喜阴	耐湿	耐寒	东北、河北、北京
红皮云杉	30	喜阴	耐湿	耐寒	东北、河北
雪松	50	喜光	耐湿	较耐寒	河北、北京、陕西
华山松	30	喜光	耐湿	耐寒	西北、华北、东北地区南部
日本五针松	30	喜光、耐阴	耐湿	较耐寒	长江流域
白皮松	30	喜光	耐湿、耐旱	耐寒	山西、河南、四川、河北、北京、山东、江苏、浙江、辽宁南部、湖北西部
油松	37	喜光	耐湿、耐旱	耐寒	东北、内蒙古、河北、山东、陕西、甘肃、宁夏、青海、四川、湖北、山东、河南
马尾松	40	喜光	耐湿、耐旱	耐寒	淮河以南、东南沿海——贵州、四川一带
黑松	30	喜光	耐湿、耐旱	较耐寒	辽东半岛、山东、江苏、安徽、台湾地区
湿地松	30	喜光	耐湿、耐旱	较耐寒	华东、华中、华南
柳杉	40	喜光	耐湿	较耐寒	长江流域、华南、西南
圆柏	30	喜光、耐阴	耐湿、喜湿、耐旱	耐寒	各省区
龙柏	8	喜光	耐湿、耐旱	较耐寒	华北南部、华东
北美圆柏	30	喜光	耐湿、耐旱	较耐寒	分布广
杜松	10	喜光	耐湿、耐旱	耐寒	东北、内蒙古、河北、陕西、宁夏、河南、山东
罗汉松	20	喜光、耐阴	耐湿	不耐寒	长江流域以南
杨梅	12	耐阴	耐湿	较耐寒	长江流域以南
菠罗蜜	25	喜光	耐湿	不耐寒	两广、云南、海南、福建、台湾地区
榕树	25	喜光	喜湿	不耐寒	南方各省
菩提树	25	喜光	耐湿	不耐寒	华南、云南
广玉兰	30	喜光、耐阴	耐湿	较耐寒	长江、珠江流域
木莲	20	耐阴	耐湿	较耐寒	东南、西南省区

名称	高度（m）	光照	湿度	温度	分布
樟树	50	喜光、耐阴	耐湿	较耐寒、不耐寒	广东、广西、福建、台湾、江西、湖南、湖北、浙江、云南
云南樟	20	喜光	耐旱、耐湿、喜湿	不耐寒	云南、四川、贵州、西藏东南部
紫楠	20	喜阴	耐湿	较耐寒	长江流域以南、西南各省
枇杷	10	喜光	耐湿	较耐寒	南方各省、湖北
石楠	12	喜光、耐阴	耐湿	较耐寒	中部、南部各省
南洋楹	45	喜光	耐湿	不耐寒	广东、广西、海南、福建
红花紫荆	15	喜光	耐湿	不耐寒	华南各地
香橼	6	喜光	耐湿	不耐寒	长江以南
秋枫	40	喜光、耐阴	喜湿	不耐寒	长江以南
云南山茶	18	耐阴	耐湿	较耐寒	云南
番石榴	13	喜光	耐旱、耐湿、喜湿	不耐寒	东南沿海各省、台湾、海南
女贞	20	喜光、耐阴	耐旱、耐湿、喜湿	较耐寒	长江流域以南、甘肃南部、华北南部

2. 常绿灌木

名称	高度（m）	光照	湿度	温度	分布
铺地柏	0.75	喜光	耐旱、耐湿	耐寒	长江、黄河流域
苏铁	8	喜光、耐阴	耐旱、耐湿	不耐寒	南部、东南沿海各省
十大功劳	2	喜阴	耐湿	较耐寒	四川、湖北、浙江等
阔叶十大功劳	4	喜阴	耐湿	较耐寒、不耐寒	陕西、安徽、浙江、江西、河南、湖北、四川、贵州、广东等
南天竹	2	耐阴	耐湿	较耐寒、不耐寒	江苏、浙江、安徽、江西、湖北、四川、山系、河北、山东等
夜合花		喜阴	耐湿	不耐寒	华南各省
含笑	5	喜光、耐阴	耐湿	不耐寒	华南各省
山茶	15	喜光、耐阴	耐湿	较耐寒	东部、长江流域
金丝桃	0.6~1	喜光、耐阴	耐湿	较耐寒	陕西、河北、河南、江苏、浙江、四川、东南沿海地区

名称	高度（m）	光照	湿度	温度	分布
海桐	6	喜光、耐阴	耐湿	不耐寒	江苏南部、浙江、福建、广东、台湾地区
红花继木		喜光、耐阴	耐旱、耐湿	较耐寒	长江中下游
木香	6	喜光、耐阴	耐湿	较耐寒	西北、华东、华北、华中
红桑	2	喜光	耐湿	不耐寒	广东等地
瓜子黄杨	7	耐阴	耐湿	较耐寒	中部、东部
小叶黄杨	1	耐阴	耐湿	较耐寒	各地
构骨	4	喜光、耐阴	耐湿	不耐寒	长江中下游
八角金盘	4	喜阴	耐湿	不耐寒	南方各省
洒金珊瑚	3	喜阴	耐湿	不耐寒	长江中下游
桂花	5~10	喜光、耐阴	耐湿	不耐寒	长江流域各省
茉莉花	1	喜光、耐阴	耐湿	不耐寒	华南、四川、湖南
夹竹桃	2~3	喜光、耐阴	耐旱、耐湿	不耐寒	长江以南各省
栀子	3	喜光、耐阴、喜阴	耐湿	不耐寒	南方各地
六月雪	1	喜阴	耐湿	不耐寒	东南、中部各省
珊瑚树	10	喜光、耐阴	耐湿	较耐寒	长江流域、华东、西南各省
凤尾兰	5	喜光	耐旱、耐湿	较耐寒	长江流域

3. 落叶乔木

名称	高度（m）	光照	湿度	温度	分布
银杏	40	喜光	耐旱、耐湿	耐寒	各地
落叶松	35	喜光	耐湿、喜湿	耐寒	东北、山东、河南、河北
水杉	50	喜光	耐湿	耐寒、较耐寒	除西北、东北外各地
垂柳	18	喜光	耐旱、耐湿、喜湿	耐寒	长江流域、华南、华东、西南、北方
旱柳	20	喜光	耐旱、耐湿、喜湿	耐寒	黄河流域、华北、东北、西北、华东、华中、西南
白桦	27	喜光、耐阴	耐旱、耐湿、喜湿	耐寒	东北、华北、西北
麻栎	25	喜光	耐旱、耐湿	耐寒	长江流域、黄河中下游

名称	高度（m）	光照	湿度	温度	分布
榆树	25	喜光	耐旱、耐湿	耐寒	各地
榔榆	25	喜光	耐旱、耐湿	耐寒	长江流域及以南
榉树	25	喜光、耐阴	耐湿	耐寒、较耐寒	淮河、秦岭以南，长江中下游
白玉兰	25	喜光、耐阴	耐湿	较耐寒	东北南部、华北、西北、华中、华南、华东、西南
鹅掌楸	42	喜光、耐阴	耐湿	较耐寒	华中、华东
悬铃木	35	喜光	耐旱、耐湿	较耐寒、不耐寒	南京、上海、青岛等城市
海棠花	8	喜光	耐旱、耐湿	耐寒	内蒙古、辽宁、河北、山西、陕西、甘肃、四川、云南、安徽、江苏、浙江
垂丝海棠	5	喜光	耐旱、耐湿	较耐寒	辽宁、陕西、华北、华中、华东、西南
紫叶李	8	喜光、耐阴	耐旱、耐湿	较耐寒	各地
桃	8	喜光	耐旱、耐湿	耐寒	西北、华北、华中、西南
梅花	10	喜光	耐湿	较耐寒	长江、珠江流域，淮河以北、黄河以南
樱花	25	喜光	耐湿	耐寒、较耐寒	长江流域、东北地区南部
合欢	16	喜光	耐旱、耐湿	较耐寒	黄河流域、珠江流域
凤凰木	20	喜光	耐湿	不耐寒	华南
槐树	25	喜光、耐阴	耐旱、耐湿	耐寒	各地
刺槐	25	喜光、耐阴	耐旱、耐湿	耐寒	各地
椿树	30	喜光	耐旱、耐湿	耐寒	北至辽宁，西到甘肃
香椿	30	喜光	耐旱、耐湿	耐寒	除黑龙江、吉林以外各地
重阳木	15	喜光、耐阴	耐湿、喜湿	较耐寒	秦岭、淮河流域以南
乌桕	15	喜光	耐湿	较耐寒	浙江、湖北、四川、贵州、湖南、安徽、云南、江西
鸡爪槭	13	耐阴	耐湿	较耐寒	长江流域、山东、河南、浙江
栾树	15	喜光、耐阴	耐旱、耐湿	耐寒	华北、华东、西南、西北
梧桐	20	喜光	耐湿	较耐寒	华北、华南、西南
沙枣	15	喜光	耐旱、喜湿	耐寒	西北、华北
水曲柳	30	喜光、耐阴	耐湿	耐寒	东北、河北北部、山系、内蒙古、山东

4. 落叶灌木

名称	高度（m）	光照	湿度	温度	分布
牡丹	1~3	喜光、耐阴	耐旱	较耐寒	西北、中原
蜡梅	5	喜光、耐阴	耐湿	较耐寒	湖北、四川、陕西
八仙花	1	耐阴	耐湿	不耐寒	湖北、四川、浙江、江西、广东、云南
太平花	2	喜光、耐阴	耐旱	耐寒	河北、陕西、四川
麻叶绣线菊	1.5	喜光、耐阴	耐旱	耐寒	各地
珍珠梅	2~3	喜光、喜阴	耐旱、耐湿	耐寒	北方
贴梗海棠	2	喜光	耐旱	较耐寒	陕西、甘肃、四川、贵州、河南、山东、安徽、浙江、江西、江苏、湖北、湖南、广东
玫瑰	2	喜光	耐湿	耐寒	河北、河南、内蒙古、辽宁、山东、江苏、浙江、广东等
野蔷薇		喜光、耐阴	耐旱	耐寒	华北、华东、华中、华南、西南
月季		喜光	耐湿	较耐寒	热带、寒带以外的各地
黄刺玫	2.5	喜光、耐阴	耐湿	耐寒	各地
榆叶梅	5	喜光	耐旱	耐寒	东北、华北、江苏、浙江
郁李	1.5	喜光	耐湿、喜湿	耐寒	各地
麦李	2	喜光	耐旱	较耐寒	各地
紫荆	15	喜光、耐阴	耐湿	较耐寒	辽宁南、河北、陕西、河南、甘肃、广东、云南、四川
卫矛	3	喜光	耐旱、耐湿	耐寒	黄河流域、长江中下游、东北
木芙蓉	5	喜光、耐阴	耐湿	不耐寒	黄河流域至华南
木槿	6	喜光、耐阴	耐旱、耐湿	不耐寒	黄河以南
结香	2	耐阴	耐湿	不耐寒	河南、陕西至长江流域以南
紫薇	8	喜光、耐阴	耐旱	耐寒	华中、华南、华东、西南
石榴	7	喜光	耐旱	较耐寒	极寒地区以外
红瑞木	3	耐阴	耐旱	耐寒	东北、华北、江苏、江西、陕西、青海、甘肃
杜鹃	3	耐阴	耐旱、耐湿	较耐寒	长江流域、珠江流域
连翘	3	喜光	耐旱	耐寒	各地
紫丁香	4~5	喜光、耐阴	耐旱	耐寒	华北、东北、四川、山东、甘肃

名称	高度（m）	光照	湿度	温度	分布
金叶女贞	3	喜光	耐旱、耐湿	耐寒	各地
迎春花	2~3	喜光、耐阴	耐旱	耐寒	山东、河南、山系、陕西、甘肃、四川、贵州、云南等
红王子锦带	2	喜光、耐阴	耐湿	耐寒	东北、华北、江苏等
木绣球	4	喜光、耐阴	耐旱、耐湿	较耐寒	江苏、浙江、河北

5. 草本花卉、草坪植物、竹

名称	高度（m）	光照	湿度	温度	分布
千日红	0.6	喜光	耐旱、耐湿	不耐寒	各地
雁来红	1	喜光	耐旱、耐湿	不耐寒	各地
鸡冠花	0.9	喜光	耐湿	不耐寒	各地
紫茉莉	0.8	喜光、耐阴	耐旱、耐湿	不耐寒	各地
石竹	0.4	喜光	耐旱、耐湿	较耐寒	各地
荷花		喜光	喜湿	不耐寒	除西藏、青海外各地
睡莲		喜光	喜湿	较耐寒、不耐寒	各地
芍药	1	喜光、耐阴	耐旱、耐湿	耐寒、较耐寒	除华南外各地
翠雀花	0.9	喜光	耐旱、耐湿	较耐寒	东北、河北、山西、内蒙古
铁线莲		耐阴	耐湿	较耐寒	各地
二月兰	0.5	喜光、耐阴	耐旱、耐湿	耐寒、较耐寒	华中、华北、东北、华东
羽衣甘蓝	0.4	喜光	耐湿	耐寒、较耐寒	各地
紫罗兰	0.6	喜光、耐阴	耐旱、耐湿	较耐寒	各地
香雪球	0.6	喜光、耐阴	耐旱、耐湿	较耐寒	各地
三叶草		耐阴	耐湿	耐寒、较耐寒	温带地区
蜀葵	2~3	喜光	耐旱、耐湿	耐寒、较耐寒	各地
芙蓉葵	1~2	喜光、耐阴	耐湿	较耐寒、不耐寒	各地
宿根福禄考	0.4~1	喜光、耐阴	耐湿	耐寒、较耐寒	各地
美女樱	0.4~1	喜光	耐旱、耐湿	较耐寒、不耐寒	各地
一串红		喜光、耐阴	耐湿	较耐寒	各地
大丽花		喜光	耐湿	较耐寒	各地

名称	高度（m）	光照	湿度	温度	分布
菊花	0.4~1	喜光、耐阴	耐旱、耐湿	耐寒、较耐寒	各地
花叶芦竹		喜光	耐湿、喜湿	较耐寒、不耐寒	华东、华南、西南
黑麦草	0.7~1	喜光	耐湿	耐寒、较耐寒	各地
吉祥草	0.7~1	喜阴、耐阴	耐旱、耐湿	较耐寒、不耐寒	西南、华南、华中、江苏、浙江、安徽、江西、陕西
水葱	0.7~1	喜光	耐湿	耐寒、较耐寒	各地
鸢尾	0.3~0.4	喜光、耐阴	耐湿	耐寒、较耐寒	云南、四川、江苏、浙江
菖蒲		喜光、耐阴	喜湿	较耐寒	各地
紫露草	0.3~0.5	喜光、耐阴	耐旱、耐湿	耐寒	各地
玉簪	0.4~0.5	喜阴、耐阴	耐湿	耐寒、较耐寒	各地
葱兰	0.2~0.3	喜光、耐阴	耐旱、耐湿	较耐寒	华南、华中、西南
孝顺竹	7	喜光	耐湿	较耐寒	华南、西南、长江流域
慈竹	10	喜光	耐湿	不耐寒	云南、贵州、广西、湖南、湖北、四川、华东、华南
毛竹	25	喜光	耐湿	较耐寒	秦岭、汉水流域至长江流域以南
刚竹	10~15	喜光	耐湿	较耐寒	长江流域

第四节　景观给水排水

一、景观给水

景观设计中常常涉及池塘、鱼池、瀑布、涌泉、喷泉、河流等水体，同时植物也需要水灌溉，因此必须考虑景观给水。

景观给水的水源主要有自来水、雨水和处理水三种。

1．自来水

自来水来自城市的市政给水管网。自来水为水厂处理过的水，水质较好，但是水价较贵。随着生态环保意识的增强，现在自来水已经不是景观给水的推荐水源。我国正在提倡建立节水型社会，景观用水量大则不适宜使用自来水，而是使用处理水和雨水。

2．雨水

我国不少地区水量充沛。雨水作为珍贵的水资源，可以将其储蓄、回收、再利用，而不是任其随着排水管道流失。城镇中，雨水收集主要是屋面收集，即在屋面安装虹吸式排水管，经过管

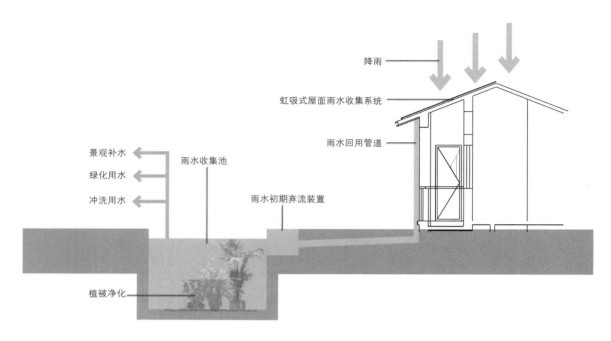

图5-4-1　雨水回用示意

道汇集至雨水蓄水池内，将其储存。需要时候通过压力泵将水送入给水管道（图5-4-1）。

3. 处理水

处理水是基地周边有河流等水源，通过水处理设备和工艺对河水等原水进行处理，使其达到景观用水的水质要求，在此基础上将水体反复循环处理、重复利用，从而降低对补水水源的依赖性。对于景观用水量较大的设计项目，处理水是比较理想的给水方式。

图5-4-2、图5-4-3为太湖水路十八湾的给水处理设计图。"水路十八湾"项目为高档别墅小区，小区内的景观水系蜿蜒曲折，打造了户户临水的景观效果。景观水系面积约7200平方米，平均水深0.6m，总水量约4320m³。小区的三周都有自然河道，作为小区景观水的补水水源。具体思路如下。

（1）结合生物处理和植被净化，主要以生物处理技术处理小区水质。小区景观补水主要依靠外河道和雨水，通过水泵从外河道引水。

（2）生物处理依托综合水处理设备进行。该设备可以去除有机物、杀菌灭藻，水质清澈自然。该设备设置在主入口南侧景观河道的下游，通过循环泵反复处理景观水，经过设备处理后通过给水管道向景观河道各处理水给水口出水，完成水体的全面循环。

二、景观排水

景观排水主要是将雨水、多余的景观水排放至城市下水管网。主要通过道路边沟、雨水管渠、集水井、雨水井进行排水。水池、河道中多余的水通过溢流管排至雨水管道。

图5-4-2　太湖水路十八湾的给水处理设计图

图例：
- 水处理设施与循环泵
- 处理水给水口
- 水泵引水
- 给水管道

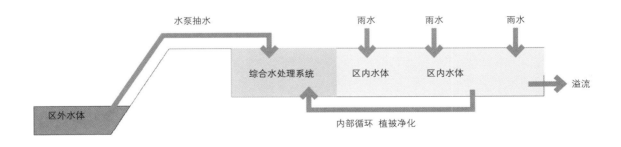

图5-4-3　水处理示意图

　　为保证地面不积水，地面应向排水方向倾斜1%~3%。

第五节　照明设计

一、景观照明设计的原则

景观项目往往要求具备高质量的夜景观效果。在景观设计阶段，应统筹考虑灯具的选择和照明的效果。景观照明设计遵循以下原则。

（1）景观照明必须满足场所安全所需要的最低照度要求，照度应符合国家相关标准规范。

（2）根据场地性质、人流量、设计目标确定灯具的选择和照度的分配。广场、道路、入口、停车场等人流量大的地方照度要高于绿地、河边、散步道等人流量小的场所。

（3）区分重点照明与非重点照明，突出重点场所、主要道路、人流节点照明。

（4）综合考虑功能性照明和装饰性照明，避免单一照明，形成轮廓照明、内透光照明、泛光照明多种方式结合的照明效果。

（5）提倡节能照明，避免光污染。

二、景观照明灯具

常用的景观照明灯具主要有草坪灯、埋地灯、水下灯、庭院灯、广场灯和路灯。

草坪灯一般高度在0.3~0.4m，安放在草地边或者路边，用于地面亮化。

埋地灯埋在地面下，光源从下往上照射，一般用于植物点缀照明。

水下灯为密封绝缘灯具，放置在水面以下，对水景进行亮化照明。

庭院灯高度在2~3m，用于园路、广场、绿地照明。

广场灯用于广场、人流汇集处的照明，功率大、光效高、照射面大，高度不低于1m。

路灯高度在2.5m以上，用于道路照明。

（图5-5-1~图5-5-5）

图5-5-1　草坪灯

图5-5-2　埋地灯

图5-5-3　庭院灯

图5-5-4　广场灯

图5-5-5　路灯

三、灯具的光源

1. 光源特性

光通量：光源在单位时间内发射出的光量，单位为流明。

光效：光源发出的总光通量与所消耗的电功率之比，单位为流明/瓦。

色温：人眼观看到的光源所发的光的颜色，单位为K。

显色性：光源照明下，颜色在视觉上的失真程度。以显色指数Ra表示，Ra越大则显色性越好。

2. 光源种类

景观灯具的光源一般采用白炽灯、卤钨灯、荧光灯、荧光高压汞灯、钠灯、金属卤化物灯、氙灯、LED灯。

白炽灯是应用最为广泛的光源，价格低廉，使用方便，但是光效较低，发光色调偏红色光。

卤钨灯又称为卤钨白炽灯，亮度高，光效高，应用于大面积照明，发光色调偏红色光。

荧光灯又称为日光灯，光效高，寿命长，灯管表面温度低，发光色调偏白色光，与太阳光相近，应用广泛。

荧光高压汞灯耐震、耐热，发光色调偏淡蓝、绿色光，广泛应用于广场、车站、码头。

钠灯是利用钠蒸汽放电形成的光源，光效高，寿命长，发光色调偏金黄色光，广泛应用于广场、道路、停车场、园路照明。

金属卤化物灯是荧光高压汞灯的改进型产品，光色接近于太阳光，尺寸小，功率大，但是寿命短，常用于公园、广场等室外照明。

氙灯是惰性气体放电光源，光效高，启动快，应用于面积大的公共场所照明，如广场、体育场、游乐场、公园出入口、停车场、车站等。

LED光源是以发光二极管（LED）为发光体的光源，是20世纪60年代发展起来的新一代光源，具有高效、节能、寿命长、光色好的优点，现在大量应用于景观照明。不同光源的特性见表5-5-1所示。

表5-5-1 不同光源的特性

类型	额定功率范围（W）	光效（lm/W）	平均寿命（h）	显色指数（Ra）
白炽灯	10~100	6.5~19	1000	95~99
卤钨灯	500~2000	19.5~21	1500	95~99
荧光灯	6~125	25~67	2000~3000	70~80
荧光高压汞灯	50~1000	30~50	2500~5000	30~40
钠灯	250~400	90~100	3000	20~25
金属卤化物灯	400~1000	60~80	2000	65~85
氙灯	1500~100 000	20~37	500~1000	90~94

四、案例

案例为两处别墅庭院的景观照明布置，采用灯具为庭院灯、草坪灯和地埋灯。庭院灯灯具高度2.5m，配置间隔15m左右。草坪灯灯具高度0.4m，光源为13W节能灯，安装间距为10m左右，布置在步道一侧。地埋灯采用15W LED光源，为可调整角度的泛光灯具，主要对景石、植被进行重点照明。

（图5-5-6、图5-5-7）

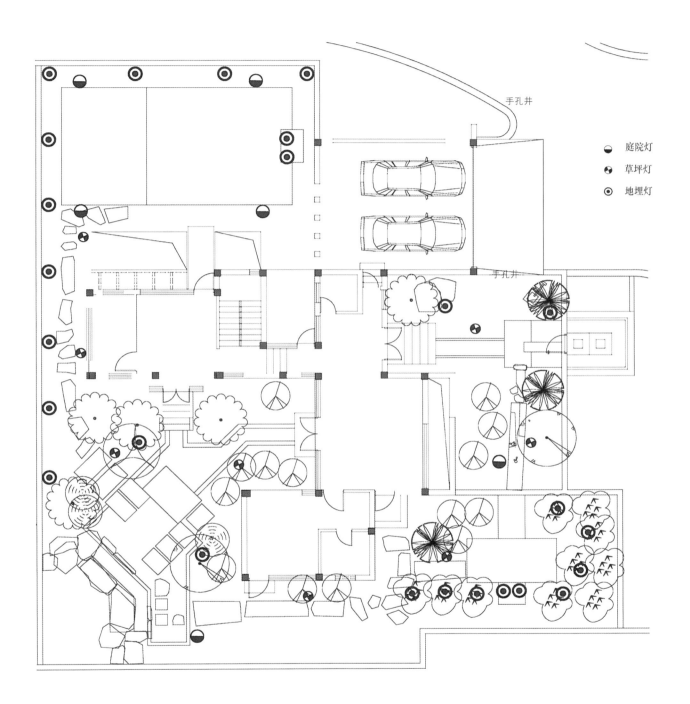

手孔井

○ 庭院灯

○ 草坪灯

◎ 地埋灯

手孔井

图5-5-6　某别墅庭园灯具布置图

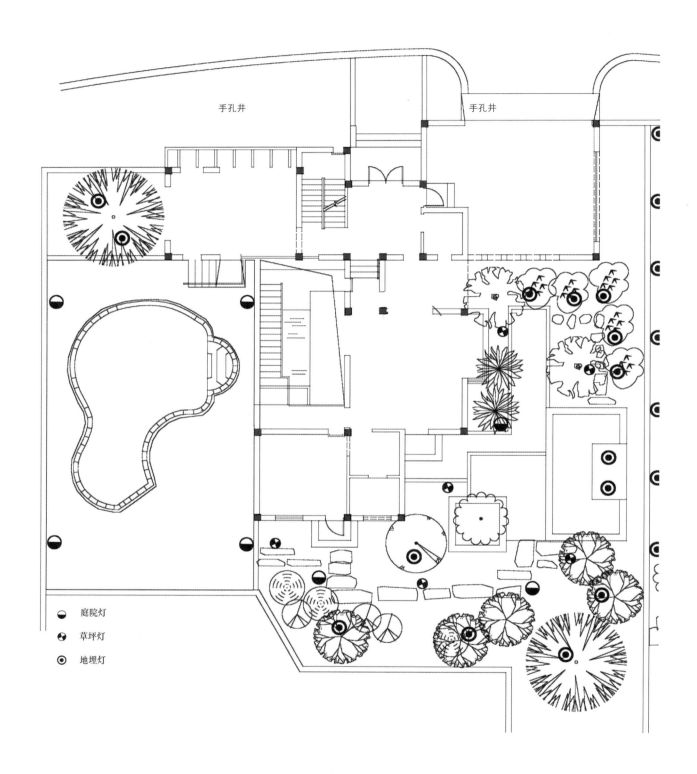

手孔井 手孔井

庭院灯
草坪灯
地埋灯

图5-5-7 某别墅庭园灯具布置图

参考文献

［1］北村信正. 計画と設計の実際[M]. 东京：技报堂，1972.

［2］中国勘察设计协会园林设计分会. 园林植物种植设计[M]. 北京：中国建筑工业出版社，2003.

［3］日本建筑学会. 建筑设计资料集成[M]. 东京：丸善株式会社，2001.

［4］MINKAVE城市灯光环境规划研究所. 21世纪城市灯光环境规划设计[M]. 北京：中国建筑工业出版社，2002.